湖南省自然科学基金项目（2021JJ40029），湖南省教育厅科学研究项目（21B0710）

机载外辐射源雷达目标检测方法研究

邓亚琦　著

电子科技大学出版社
University of Electronic Science and Technology of China Press
·成都·

图书在版编目(CIP)数据

机载外辐射源雷达目标检测方法研究 / 邓亚琦著. — 成都：电子科技大学出版社, 2022.6
ISBN 978-7-5647-8313-6

Ⅰ. ①机… Ⅱ. ①邓… Ⅲ. ①机载雷达-雷达目标识别 Ⅳ. ①TN959.73

中国版本图书馆CIP数据核字(2022)第092771号

机载外辐射源雷达目标检测方法研究
JIZAI WAI FUSHEYUAN LEIDA MUBIAO JIANCE FANGFA YANJIU
邓亚琦 著

策划编辑 李述娜 杜 倩
责任编辑 李述娜

出版发行 电子科技大学出版社
成都市一环路东一段159号电子信息产业大厦九楼 邮编 610051
主 页 www.uestcp.com.cn
服务电话 028-83203399
邮购电话 028-83201495

印 刷 石家庄汇展印刷有限公司
成品尺寸 170mm × 240mm
印 张 10.5
字 数 172千字
版 次 2022年6月第1版
印 次 2022年6月第1次印刷
书 号 ISBN 978-7-5647-8313-6
定 价 68.00元

前　言
PREFACE

机载外辐射源雷达系统以已有照射源作为系统发射站、载机作为接收站来处理回波信号，以实现目标探测、跟踪和成像等功能。与机载雷达相比，其具有造价低、探测能力强、无电磁污染等优势；与传统外辐射源雷达相比，接收平台的升高使其具有“高瞻远瞩”的优势。因此，机载外辐射源雷达系统的研究受到了国内外的广泛关注和高度重视。

然而，机载外辐射源雷达由于接收平台的运动，静止杂波散射点回波信号的多普勒频率不再分布于零频附近，无法使用传统的时域抑制算法和空域对消方法消除杂波和检测目标。机载平台下已有的 DPCA 算法和 STAP 算法可以有效解决杂波多普勒扩展的问题，但机载外辐射源雷达系统仍面临着一些挑战，主要如下：长时间相参积累下，直达波参数导致 DPCA 算法出现通道相位偏差，使杂波对消出现剩余；连续波信号的高旁瓣特性影响检测单元的背景杂波，从而恶化后续 STAP 算法的目标检测性能；参考信号不纯净的条件下，与参考通道中的多径匹配的杂波快拍信号影响 STAP 算法的目标检测能力，出现目标自相消现象，而实际雷达环境中系统面临的先验知识不准确、通道存在幅相误差等问题又将上述挑战变得更加复杂。因此，本书以系统模型和杂波特性分析为基础，提出了适用于机载外辐射源雷达系统的杂波抑制方法，以改善目标检测性能，主要内容包括：

（1）针对长时间积累下，机载外辐射源雷达存在的目标距离走动和 DPCA 杂波剩余问题，本书提出了一种基于先验知识辅助的机载外辐射源雷达微弱目标检测方法。该方法首先利用 Keystone 变换校正目标的距离走动，其次理论推导出与直达波参数有关的 DPCA 通道间相位偏差，最后利用直达波参数的先验信息对相位偏差进行补偿，以实现杂波抑制，从而提高微弱目标检测能力。

（2）针对长时间积累下，不准确的先验知识导致所提方法的目标检测性能下降的问题，本书提出了一种改进的机载外辐射源雷达微弱目标检测方法。该方法在 Keystone 变换后，以检测信噪比为准则构建与直达波参数相关的目标函数，然后根据得到的直达波参数估计值补偿相位偏差，实现 DPCA 杂波对消。仿真结果表明改进方法可以有效解决先验知识误差导致的杂波剩余与目标检测能力下降的问题。

（3）针对连续波旁瓣较高的条件下，强干扰旁瓣会导致传统 STAP 方法的目标检测性能下降且已有级联相消算法运算量大的问题，本书提出了一种基于空时旁瓣抑制算法的级联相消方法。该方法首先构建了强干扰旁瓣的稀疏观测模型，其次以输出功率最小为准则构造代价函数，并迭代求解旁瓣相消权矢量，实现强干扰旁瓣的抑制，最后利用 STAP 算法对消杂波。该方法避免了高维矩阵求逆过程，可大大减少算法的运算量。仿真结果表明所提方法可有效消除强干扰旁瓣对 STAP 算法的影响，实现目标检测性能和计算量的折中。

（4）针对连续波旁瓣较高的条件下，通道幅相误差的存在降低所提级联相消方法旁瓣对消性能的问题，本书提出了一种改进的级联相消方法，即基于干扰旁瓣和通道误差联合估计的级联相消方法。该方法首先建立了通道误差下强干扰旁瓣和杂波的信号模型，修正了稀疏观测模型和代价函数，其次利用联合迭代方法求解旁瓣相消权矢量和通道误差矢量，实现旁瓣对消，最后通过 STAP 算法抑制杂波。仿真结果表明，改进方法可保证通道幅相误差下的旁瓣对消性能，有效实现通道误差下的目标检测能力和计算复杂度的折中。

（4）针对不纯净参考信号条件下，参考通道中的多径信号引起的多径杂波成分影响待检测单元的背景杂波，从而导致传统 STAP 算法的目标检测性能下降的问题，本书提出了一种级联相消方法。该方法首先根据多径杂波的快拍信号模型建立观测矩阵，其次利用多径杂波在距离多普勒维的分布特性构建稀疏约束的代价函数，从而实现多径杂波成分的抑制，最后通过 STAP 算法来消除与直达波信号匹配得到的直达波杂波成分。仿真结果表明所提的级联相消方法可有效消除不纯净参考信号对 STAP 算法的影响，避免目标出现自相消现象。

（5）针对不纯净参考信号条件下，所提的级联相消方法使用的固定的正则化参数导致收敛速度下降的问题，本书提出了基于多径杂波相消权矢量与正则化参数联合估计的级联相消方法。该方法通过联合迭代方式交替更新相消权矢量和正则化参数，然后根据求取的权矢量消除不纯净参考信号对 STAP 算法的影响。仿真结果表明，改进方法可有效提高算法的收敛速度和相消性能。

邓亚琦

2021 年 12 月 5 月

目 录

CONTENTS

第1章 绪　　论

1.1 研究背景及意义

机载雷达的接收平台较高，可以有效解决传统地基雷达由于地球曲率和地形导致的低空盲区问题，因此在地球观测与战场的预侦测、监视和监测中具有重要作用。但由于机载雷达常处于下视工作状态，地物反射回波具有强度大、特性复杂、遍布范围广等特点，严重影响了目标探测性能。由于接收平台的运动，杂波回波信号的频谱出现扩展，目标回波往往淹没于杂波中。同时，运动平台下的杂波存在空时耦合特性，传统时域自适应相消方法和空域滤波方法无法对杂波进行有效抑制。空时自适应处理（space-time adaptive processing, STAP）算法为机载雷达实现杂波对消提供了一条有效途径[1-2]。STAP 技术利用杂波在空时二维平面的分布特性，在杂波匹配区域形成凹口的同时保证目标能量输出，从而提高目标检测能力[3-7]。STAP 算法概念自从在 1973 年被提出后，就得到了国内外研究机构和学者的持续关注。随着研究的不断深入，STAP 技术得以快速发展和广泛应用，机载雷达系统的目标探测能力不断提高，已成为当代军事战争中不可或缺的侦察方式。然而，机载单基地雷达系统的收发站处于同一位置，存在生存能力相对薄弱、工作模式单一的问题，信息战中隐身技术的发展和防辐射导弹的出现，使机载单基地雷达的探测技术已无法满足日益增长的军事要求。

基于机载双基地雷达系统在隐蔽自身和先敌发现上具备的有利条件，其有效解决了单基系统的缺陷，对其的研究也受到各军事强国的高度重视。机载双基地雷达除具有“高瞻远瞩”的优点外，还具备以下双基构型带来的独特优势：①该系统通常将发射站放置于后侧，接收站位于战场前线，从而可以有效避免敌方电磁干扰设备的攻击，具备抗干扰能力；②隐身目标通常在前向和侧向的雷达散射截面积较大，而由于系统采用收发分置，发射、接收、目标三者之间的双基地角使其更方便接收这部分区域的回波信号，从而提高机载双基地雷达系统对隐身目标的探测能力；③发射站位于战场后方，可以规避由于发射功率大而受到敌方反辐射导弹攻击的风险，从而提高系统的安全性能；④机载双基地雷达可以灵活地配置不同的工作模式，以满足实际探测场景的不同需求；⑤双基配置保证了该系统侦测到发射机视距以外的目标，具有更大的检测距离。然而，与机载单基地雷达系统相比，双基系统的杂波特性表现为更加复杂多变，即使在天线正侧视配置且杂波特性理想的条件下，机载双基地雷达的杂波特性也呈现出距离依赖性，用检测距离单元附近的样本快拍信号无法准确估计协方差矩阵[8-12]。同时，杂波分布特性随着机载双基配置的变化而变化，而杂波的距离依赖性又随着距离环的远近而不同。因此，该系统下杂波特性的估计难度加大，大大降低了系统的杂波对消能力和目标侦测能力。

外辐射源雷达系统（passive radar system，PRS）是指利用合适的已有照射源作为系统发射站，如导航卫星（global navigation satellite system，GNSS）、调频广播（frequncy modulation，FM）、数字电视（digital video broadcast-terrestrial，DVB-T）及机载有源雷达（airborne active radar，AAD）等[13-21]，来实现目标探测、跟踪和成像等功能的雷达系统。机载外辐射源雷达系统是指将外辐射源雷达技术应用到空中运动平台上的雷达系统，其中，以第三方照射源作为发射站、载机作为接收站，来实现目标识别、分析和监测[22-25]。考虑到外辐射源雷达系统没有自己的发射源，因此一般利用参考通道指向发射站来获取直达波，以实现距离匹配和相干处理。从收发分置角度来看，机载外辐射源雷达系统也属于双基系统的范畴，而与机载双基地雷达系统相比，该系统不但具有双基构型带来的先天优势——安全度高、配置灵活、探测能力强等优点，还具有外辐射源所特有的优势：①机载外辐射源雷达系统自身不需要主动发射信号，只需要设计小孔径天线，接收其他非合作照射源的回波，就可实现目标识别与侦测，因此具有体积小、成本低等的优点[26-28]；②该雷达系统利用现有的照射源作为发射站，可以避免监测范围内对其他雷达通信等设备的干扰，且可利用的外部照射源三富，有利于雷达的灵活部署，更有利于实现组网探测；③不但具有对隐身目标前向探测的潜力，而且民用波段多工作于 VHF 和 UHF 波段，原理上目标散射强度相对增大，能够提高对微弱目标、隐身目标的监测性能；④对于地面静止照射源作为发射站的机载外辐射源雷达系统，虽在系统构型上属于机载双基地雷达范畴，但其杂波分布与单基系统的情况相同，满足平稳特性。这有助于准确估计该系统下的干扰协方差矩阵，可以有效解决双基构型带来的相消能力下降的问题，且对于后续目标的检测、定位和跟踪是十分有利的。因此，机载外辐射源雷达系统的优越性是机载单基地雷达系统、机载双基地雷达系统所无法比拟的。

结合机载外辐射源雷达在低空探测、战略预警等方面的特有优势，研究机载外辐射源雷达系统目标探测技术是军事信息发展的必然趋势。而对机载外辐射源雷达系统的研究还处于起步阶段，目前主要集中在已有杂波相消方法应用于机载外辐射源雷达系统的层面．而对于机载外辐射源雷达系统所面临的特有问题，如外辐射源雷达的参考信号不纯净、参考信号先验知识不准确及发射连续波信号高旁瓣等导致的杂波相消性能下降的问题，研究工作在理论和实际应用上远不能满足当前社会发展的新需求。对以上机载外辐射源雷达系统面临的特有问题做进一步深入分析，并研究相应的杂波抑制技术和目标检测技术，提高该雷达系统的探测能力和实时处理能力是军事现代化建设的需要。因此，本书对机载外辐射源雷达信号处理过程中面临的关键问题进行研究和探讨，具有重要的理论价值和工程价值。

1.2 研究进展

1.2.1 机载外辐射源雷达系统的研究进展

从20世纪90年代开始，研究人员对外辐射源雷达技术的研究表现出了浓厚兴趣，同时该外辐射源雷达技术也受到了各军事强国的重视。其中，英国科研人员在1999年公开了基于模拟电视电台的外辐射源雷达理论与实验结果，成功实现了对运动目标的检测和侦察[29]。1998年，美国研制的“沉默哨兵”系统可高速并行处理信号数据，实现对远距离隐身目标的探测和定位，能够对全球大部分敏感区域进行监视[30-31]。美国华盛顿大学的研究者以调频广播作为发射站，通过参考通道与接收通道分别获取直达波与反射回波，验证了外辐射源雷达系统的可行性[32-33]。此后，国内外研究人员对外辐射源雷达处理技术展开深入的研究工作，并取得了大量的研究成果。南洋理工大学对基于手机信号的雷达系统进行模糊函数、探测距离和分辨率分析并得到了相关结论[34]。英国伦敦大学利用Wi-Fi信号作为照射源构建雷达系统，通过一系列的理论推导与系统验证说明了该系统的发展潜力[35]。英国伯明翰大学开展了对成像技术的研究，根据处理卫星信号的反射回波得到的结果可以说明该技术的可行性[36-37]。意大利的F. Colone等对各信号的模糊函数做了详细分析、总结与概括，同时完善、总结了系统的信号处理算法[38]。国内各研究单位也相继开展了基于各种照射源的外辐射源雷达系统研究，积累了大量有价值的理论和研究成果[39-52]。

近几年，国外对机载平台下的外辐射源雷达系统表现出浓厚兴趣。对该系统下目标探测跟踪的理论研究以及其在军事战争中的应用研究已成为学术界重要的发展方向[53-58]。作为早期的研究者，2010年，英国伦敦大学的 James W. A. Brown 等开展了机载外辐射源雷达系统的实验研究，其将调频广播电台作为照射源，在轻型飞机上设计小孔径天线接收信号[53]。接收系统包括回波通道和参考通道，并分别放置于飞机的左舷和右舷，其系统如图 1.1 所示。该系统通过对录取 1 s 的回波数据做信号处理，在保证系统相干积累时间的同时又成功避免了目标走动现象，最终探测到英国盖特威克机场与希思罗机场周围的民用飞机，验证了机载外辐射源雷达的可行性。

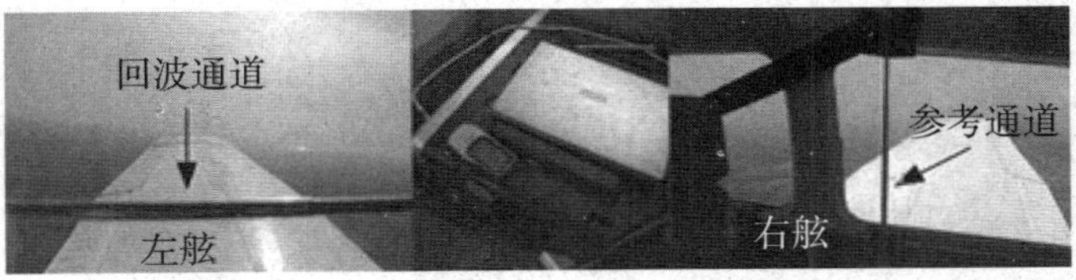

图 1.1 基于 BBC 广播二台的机载外辐射源雷达系统

波兰研制的机载外辐射源雷达试验系统是目前该领域的另一典型代表。该系统利用 FM 信号作为照射源进行目标探测，系统中单独的天线指向照射源，用于获取发射信号的样本，接收天线阵元分置于飞机两侧，用于获取感兴趣范围的回波信号。实验系统如图 1.2 所示。

图 1.2 波兰机载外辐射源雷达实验系统

波兰华沙工程大学的 B. Dawidowicz 等在 James W. A. Brown 的研究基础上，对机载外辐射源雷达系统的原理和方法进行了深入研究，完成了该机载平台下的一系列理论验证试验[54-55]。初步实验结果是在距离－多普勒平面上显现出剩余杂波信号和目标信号，根据先验信息探测目标。在此基础上，科研团队证明了两通道相位中心偏置天线（displaced phase center antenna，DPCA）技术在基于FM机载雷达系统中的可行性，成功实现对消杂波和感兴趣区域运动目标的探测。图1.3是此系统应用DPCA算法后的检测结果。2011年，B. Dawidowicz等进一步完善系统方案，开展了基于DVB-T信号的机载外辐射源雷达系统的研究，并对比分析了不同杂波抑制技术的实验结果，得到了DPCA算法有利于该雷达系统实现目标检测的相关结论。

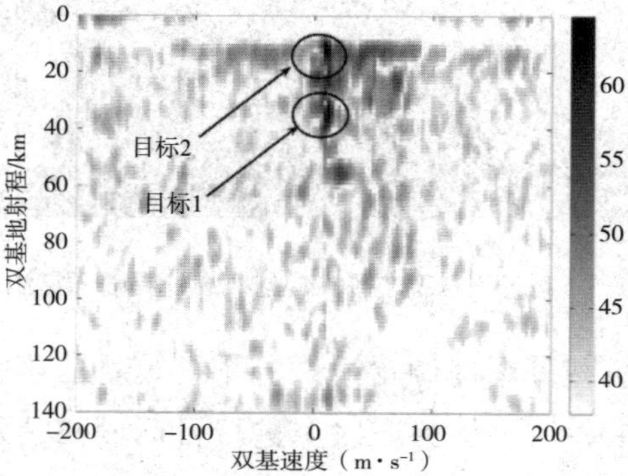

图1.3　波兰机载外辐射源雷达系统目标检测结果

新加坡南洋理工的D. K. P. Tan等进行了基于车载平台的外辐射源雷达探测试验[57-58]，发射站选用DVB-T电台，4个阵元形成独立的通道获取回波信号，雷达对600 m宽的草地范围进行探测，车载外辐射源雷达系统如图1.4所示。该实验验证了机载雷达杂波抑制算法可用于机载外辐射源雷达系统，而且提出，由于DVB-T信号高旁瓣特性，传统抑制方法性能下降的问题是运动平台下外辐射源雷达系统面临的重要挑战。研究人员针对该雷达系统下的特有问题提出了系统方案，研究了抑制方法，并展开了验证试验研究。图1.5为该车载外辐射源雷达系统下估计得到的杂波空时功率谱，该结果表明该雷达系统虽不能获得和机载单基地雷达对等的杂波估计性能，但实验显示了该技术的可行性和发展潜力。

图 1.4　新加坡车载外辐射源雷达实验系统

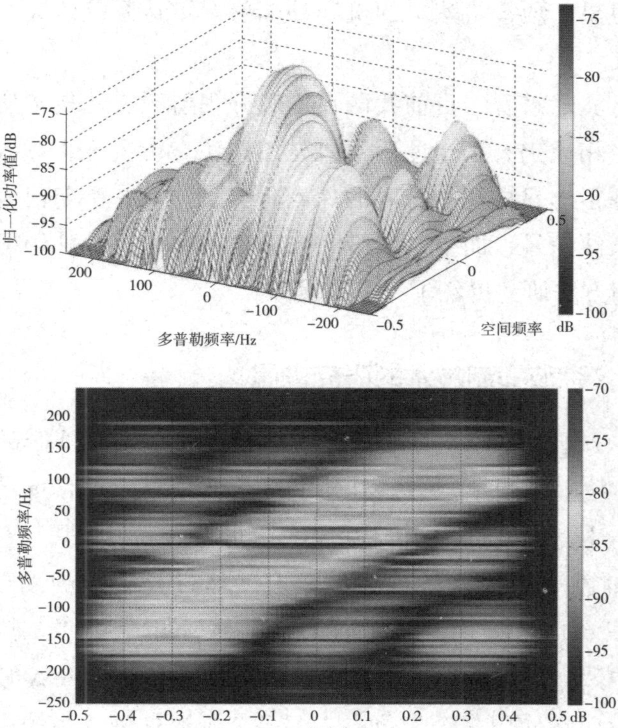

图 1.5　新加坡车载外辐射源雷达实验系统的杂波谱估计结果

目前，对机载外辐射源雷达的研究仍是热点问题，上述几个典型的实验系统初步展示了机载外辐射源雷达的目标探测能力。我国对该机载外辐射源雷达的研究还处于起步阶段。其中，中国科学院电子学研究所（简称中科院电子所）在解决机载外辐射源雷达信号高旁瓣特性问题上做了深入分析，开展了相关的时域自适应相消方法的研究[59-60]。武汉大学研究了基于单频网雷达系统的信号模型及功率谱分析，同时给出了初步的直达波对消方案[61]。西安电子科技大学对基于有源脉冲雷达和DVB-T 的机载外辐射源雷达系统的杂波建模及杂波特性分析、STAP 方法杂波抑制以及高速实时处理进行了研究[62]。中国电子科技集团公司第三十八研究所（简称中电 38 所）、中国电子科技集团公司第十四研究所（简称中电 14 所）等单位先后开展了基于不同照射源（包括通信卫星、全球导航卫星、预警雷达）的机载外辐射源雷达系统研究，并取得了初步的研究成果。

从现有文献来看，目前我国在机载外辐射源雷达技术研究方面与国外先进水平相比仍有不小差距，研究工作还有待进一步深入。开展对机载外辐射源雷达目标探测技术的深入研究，关键在于如何有效抑制多普勒扩展的杂波信号，而空时二维联合处理技术为机载外辐射源雷达系统的杂波抑制方法研究提供了支持和保障。

1.2.2 杂波抑制技术的研究进展

DPCA 方法和 STAP 方法是运动平台下实现杂波抑制的两种关键技术。DPCA 技术采用平台运动补偿的方式实现对运动目标的探测，最典型的 DPCA 技术有物理 DPCA 和电子 DPCA 两种形式。传统 DPCA 技术的杂波抑制能力受系统误差的限制，经过几十年的发展，DPCA 技术被机载雷达广泛采用，并发展出了多种新形式[63-65]。其中，自适应DPCA 能有效克服系统误差的影响，具有相比传统 DPCA 技术更强的杂波抑制能力。在使用多个相位中心、多个延迟处理的系统中，以输出信噪比最小为准则的自适应 DPCA 技术实质上可等价为空时二维自适应处理，这也为 STAP 技术的提出提供了理论基础。相比 STAP 算法，虽然DPCA 算法的低速目标检测性能相对较差且应用条件相对苛刻，但仍然是机载雷达杂波抑制的主要方式，尤其是在小型机载平台不便于安装相控阵天线的条件下，DPCA 算法更有利于实现杂波抑制[4]。

1973 年，Brennan 和 Reed 首次提出了 STAP 理论，掀起了 STAP 算法的研究热潮。1990 年，美国实施了 Mountain Top 计划和 MCARM 计划[66]，在陆地、海面和城市等不同区域进行实验，对实际环境中接收的回波数据进行信号处理，对 STAP 算法的验证与评估具有重要意义。然而，STAP 方法要求不同样本快拍的杂波分布特性保持一致，且要求样本数量足够多，通常需要达到处理器维数这一数量级，这在实际雷达系统中难以保证，同时，高复杂度的最优 STAP 算法也为机载雷达的工程实践带来了一定的难度。关于 STAP 算法的研究热点落在了次优 STAP 技术的研究以及实际雷达系统中的 STAP 技术应用上，为此，科研人员开展了大量研究工作并取得了较大进展。下面分别从样本数不足、杂波非均匀、杂波非平稳和距离模糊等方面阐述 STAP 方法的研究进展。

实际雷达系统中符合独立同分布条件的训练快拍数往往不足，使最优 STAP 技术难以有效估计杂波特性，从而降低了最优 STAP 方法的杂波对消能力。为减少所需训练样本数，可以通过降低空时处理维度（reduced-dimension STAP，RD-STAP）的思想实现。德国的 R. Klemm 等提出了辅助通道法，通过在杂波脊区域选取二维辅助波束来降低算法处理的维度，将所需的训练样本数降低到降维后自由度的两倍[67]。H. Wang 等提出了局域联合处理算法（joint-domain localized，JDL），首先将脉压后的信号经过两维傅立叶变换，其次选取感兴趣区域并做自适应处理，达到降低训练样本数的目的。和差波束法的提出将空间自由度降到两个波束，为非相控阵机载雷达的杂波抑制提供了新途径[68-69]。这类算法以牺牲自由度来降低所需样本数，会带来抑制性能下降、对系统误差敏感等问题[70]。降秩 STAP（reduced-rank STAP，RR-STAP）方法同样可减少所需样本数[71-77]，正交投影算法、辅助特征向量法（auxiliary eigenvector processor，AEP）、主分量法（principle components，PC）和子空间跟踪方法（subspace tracking，ST）均通过获取杂波子空间的特征向量设计杂波相消权矢量，将所需样本数降到降秩后自由度的两倍。参数自适应匹配滤波法利用训练样本数据估计多通道矢量自回归模型的参数，从而通过求取自适应权矢量来抑制杂波，此时，所需的训练样本数据为两倍模型阶数[78-80]。但在实际雷达工作环境中，杂波秩的有效估计是降秩 STAP 技术工程实现面对的主要挑战。后续发展起来的基于稀疏表示的 STAP 方法（sparse representation STAP, SR-STAP）可以利用较少的训练样本数实现较优的 STAP 性能[81-83]，该方法将多普勒空间和频率空间离散化，用离散化后的空时导向矢量构建字典矩阵，然后基于杂波空时功率谱的稀疏特性，运用稀疏重构算法就可有效实现对协方差矩阵的估计。

在实际雷达系统中，观测场景的杂波特性通常随距离变化，无法保证杂波特性均匀的条件。为此，研究人员提出了基于样本挑选的 STAP 方法[84-86]，其中，非均匀检测器的方法可以有效剔除包含有目标信号的训练样本数据，避免了目标自相消问题。相位和功率联合选择训练法可以自适应地选择杂波功率最强且最接近杂波分布的距离单元实现协方差矩阵估计。直接数据域方法（direct data domain, DDD）只利用待检测单元的信号，无须借助训练快拍数据估计杂波谱，从而成功避免了非均匀特性导致的杂波相消性能下降的问题[87-89]。随后，Melvin 等研究人员给出了基于知识辅助的 STAP（knowledge-aided STAP, KA-STAP）方法。该方法的基本思想是，首先根据地形信息计算先验协方差矩阵[90-94]，其次利用此先验矩阵对传统估计的协方差矩阵进行加权处理。因此，基于知识辅助的 STAP 方法可以较好地解决由于杂波非均匀导致的性能下降问题，但其估计性能较大程度上依赖先验知识的准确性。

关于以预警机等运动平台作为发射站的机载外辐射源雷达系统，其杂波特性与机载双基地雷达系统的杂波特性类似。而双基配置下的杂波分布特性随快拍变化，在距离维上求平均的方式无法准确估计干扰协方差矩阵。此外，机载单基配置下非正侧视的情况也会导致杂波的距离依赖性。有效解决上述非平稳问题的方法主要包括补偿类技术和内插类技术[95-97]。补偿类算法中，多普勒弯曲法在 STAP 处理前寻求训练数据和待检测单元杂波脊的多普勒差异，通过构造距离相关的变换矩阵进行补偿；角度-多普勒频移补偿法（angle-doppler compensation, ADC），自适应角度-

多普勒频移补偿法以及功率谱配准法（registration-based compensation, RBC）通过对傅立叶变换后的快拍样本数据进行补偿来克服杂波非平稳的影响；而内插变换类算法，如最小方差法和联合空时法等，则通过选取合适的映射子空间对所有训练快拍做变换并保证目标空间不变，从而解决杂波距离依赖问题。

对于高重频的情况，单个距离门的回波很有可能包含多个距离环的杂波信息，即出现距离模糊现象[98-99]。机载单基地雷达正侧视配置且杂波特性均匀的条件下，不同距离环的杂波特性一致，距离模糊不会影响 STAP 算法目标的检测性能。而对于其他情况，如机载双基地雷达系统、非正侧视配置或者杂波特性非均匀的情况，待检测单元的杂波特性包含有不同距离环的杂波分布，且分布特性不一致，利用 STAP 技术可能出现多普勒盲区，使运动目标检测性能下降。学者们针对机载雷达存在距离模糊的问题做了相关研究，由于杂波特性不仅与方位－多普勒有关，还随着俯仰信息变化，因此可以在传统 STAP 技术中增加俯仰维信息，利用该信息区分远近距离环的杂波实现级联抑制，从而解决距离模糊问题。

机载外辐射源雷达系统不发射信号，通常通过参考通道获取发射样本，后续的信号处理流程与机载雷达系统基本一致。机载外辐射源雷达属于机载雷达范畴，上述适用于运动平台系统下的 DPCA 方法与 STAP 技术可应用于机载外辐射源雷达系统。因此，发展成熟的杂波对消方法在极大程度上推动了机载外辐射源雷达系统目标探测技术的研究进展。

1.3　主要工作与内容安排

本书以当前国内外机载外辐射源雷达目标检测技术的研究现状为背景，以机载外辐射源雷达系统的杂波特性与基本抑制原理为基础，围绕该雷达系统的杂波对消技术展开研究，针对机载外辐射源雷达系统中存在的几个关键问题，理论推导出相应的改进方法并通过大量仿真实验验证所提方法。本书的总体结构框架如图 1.6 所示。

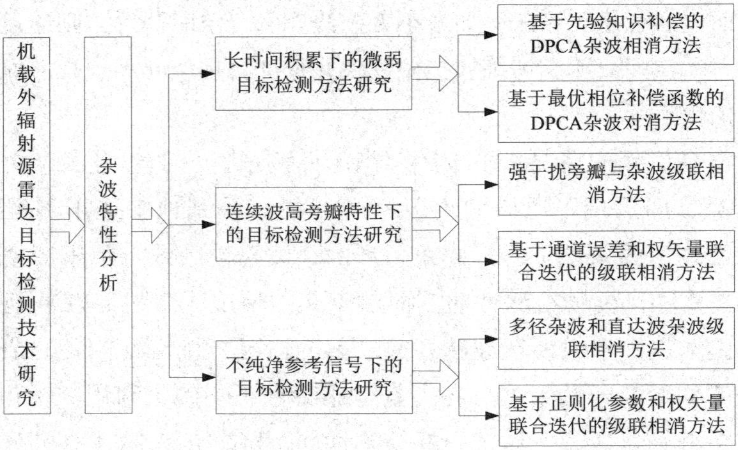

图 1.6　总体结构框架

本书的主要工作和内容安排如下。

第 1 章为绪论。本章对机载外辐射源雷达的基本概念和研究意义进行了简要介绍，阐述了机载外辐射源雷达系统的研究进展以及杂波抑制技术的发展历程，并概括了全书工作以及后续内容安排。

第 2 章为机载外辐射源雷达系统杂波特性分析。本章分别在发射站为静止和运动平台条件下，构建两种机载外辐射源雷达系统，以其几何构型为基础，建立了两种系统的杂波信号模型，理论推导并仿真分析了杂波特性。基于运动平台条件下已有的杂波抑制技术，本章对比说明了两种系统的杂波特性与机载单基地雷达和机载双基地雷达系统的区别和联系，分析了适用于不同机载外辐射源雷达系统下的杂波抑制方法。同时，本章阐述了本书选取地面静止辐射源作为机载外辐射源雷达系统发射站来开展后续目标检测技术研究的原因。

第 3 章为机载外辐射源雷达微弱目标检测算法研究。本章利用 DPCA 技术建立了长时间积累下的信号模型，介绍了微弱目标检测实现过程中所面临的目标距离走动和 DPCA 算法杂波剩余这两大问题，并针对这两大问题提出相应的解决方法。Keystone 方法在慢时间域做一尺度转换，能较好地克服跨距离单元走动现象，从而解决目标能量分散导致的检测能力下降问题。此外，本章推导了直达波信号参数引起的 DPCA 算法的两通道间相位偏差函数，其中，相位偏差是导致杂波剩余的根本原因。在此基础上，本章从以下两方面分析了相位偏差补偿方法：首先，在先验知识准确的条件下可利用直达波参数构建相位偏差补偿函数，以实现 DPCA 杂波对消；其次，本书为保证实际系统中杂波对消性能，以检测信噪比作为性能评价标准构造目标函数来估计直达波信号参数，并构造最优的相位偏差补偿函数，解决实际环境中先验知识不准确导致的 DPCA 杂波剩余问题。

第 4 章为干扰旁瓣与杂波的级联相消算法研究。与机载雷达系统不同的是，机载外辐射源雷达系统没有自主发射源，实际环境中已有的商业辐射源通常作为系统发射站。而商业辐射源往往发射的是连续波，其模糊函数通常存在高于脉冲模糊函数的旁瓣。机载外辐射源雷达发射信号的高旁瓣特性会导致脉压后近距离强杂波和直达波的旁瓣信号严重影响检测距离单元的背景杂波，利用机载雷达中的 STAP 技术来抑制强干扰旁瓣和杂波需要更多的自由度，并且对落入旁瓣区域的目标信号有一定程度的抑制。在 STAP 技术对消杂波之前对旁瓣信号进行抑制的级联相消方法为机载外辐射源雷达的目标检测提供了新思路。本章提出了一种新的级联相消方法，该方法推导了强干扰旁瓣快拍信号的稀疏观测模型，以输出功率最小为准则构造代价函数并求取相消权矢量，从而消除强干扰旁瓣对后续 STAP 算法的影响。该过程有效避免了高维矩阵的求取和求逆计算，可以减少算法的计算复杂度，提高算法的运行效率。

进一步的，在实际的雷达工作环境中难以避免地存在通道间的幅相误差，通道误差导致所提方法中的稀疏观测模型不再准确表示强干扰旁瓣快拍信号。针对此问题，本章提出了基于通道误差和旁瓣相消权矢量联合估计的级联对消方法。该方法以通道误差下的信号模型为基础，修正了强干扰旁瓣快拍信号的观测模型，对通道误差矢量和相消权矢量交替迭代实现强干扰旁瓣的抑制，最后利用已有的 STAP 方法消除杂波信号。本章对所提的两种级联对消方法进行了详细的仿真实验并说明其有效性。

第 5 章为不纯净参考信号下的目标检测方法研究。机载外辐射源雷达系统由于自身不发射信号，需要利用参考通道接收参考信号来获取纯净的发射样本，进而实现后续脉压等一系列信号处理。然而，实际系统存在站址误差和较宽的波束宽度，很难保证获取纯净的直达波信号，因为参考信号中不可避免地混有多径信号。此时，参考信号和回波信号脉压后得到直达波对应的杂波快拍信号和多径对应的杂波快拍信号，利用 STAP 技术对这两种杂波成分进行抑制将导致落入多径杂波成分区域的目标也被滤除。为了提高系统的目标检测性能，本章开展了不纯净信号下的机载外辐射源雷达级联杂波抑制技术研究。首先，对不纯净参考信号下的杂波信号进行建模，分析多径对应的杂波成分与直达波对应的杂波成分之间的联系，进而得到多径杂波成分的稀疏观测矩阵；其次，以输出功率最小为准则构造代价函数，选取合适的稀疏迭代方法和固定的正则化参数求取相消权矢量抑制多径杂波成分，从而消除多径杂波成分对 STAP 目标检测性能的影响；最后，利用 STAP 技术消除直达波杂波成分。

进一步的，考虑到在实际场景中基于固定正则化参数的上述所提方法无法保证每次迭代均能获得最优的相消权矢量，从而影响算法的收敛速度，本章给出了基于正则化参数和相消权矢量联合迭代的级联相消算法，在每次迭代中自适应地选择正则化参数，提高算法的收敛速度和杂波抑制性能。

第 6 章为总结与展望。本章对全书工作进行总结，并对机载外辐射源雷达处理中的下一步研究方向和待解决问题进行了展望。

第 2 章　机载外辐射源雷达系统杂波特性分析

机载雷达的接收平台较高，可以有效解决地基雷达面临的地面遮挡问题，具有探测距离远、信号传播条件好等优点。然而，由于接收站的运动，静止散射点回波的多普勒频率不再分布于零频附近，杂波呈现的耦合特性导致传统的一维相消处理不再适用。因此，空时二维联合处理技术，即 DPCA 算法和 STAP 处理，成为机载雷达实现杂波滤除的目标检测的关键。

机载外辐射源雷达系统为机载雷达系统的一个子类，其特殊性在于自身不发射信号，而是利用第三方照射源（如导航卫星、广播电台、数字电视电台及预警机等）反射的回波信号进行一系列信号处理，以实现目标检测。根据照射源特点，该机载外辐射源雷达系统可归为两类。其一是基于地面静止辐射源的机载外辐射源雷达系统，简称为地 - 空的机载外辐射源雷达系统，此类系统的特点是发射站固定，静止杂波的多普勒频率仅取决于接收站的运动。其二是基于空中预警机等运动平台的机载外辐射源雷达系统，简称为空 - 空的机载外辐射源雷达系统，该类系统的特点是发射站和接收站的运动共同影响静止散射点回波的多普勒频率，杂波空时特性更为复杂多样。DPCA 算法和 STAP 技术可以为机载平台下的杂波抑制提供技术支持，而机载外辐射源雷达系统的杂波特性分析则是实现目标探测的前提和关键。

本章的主要内容围绕机载外辐射源雷达系统的杂波特性展开，首先介绍了 DPCA 算法和 STAP 算法的基本原理，在此基础上，推导并分析了两种机载外辐射源雷达系统的信号模型，得到杂波快拍信号的多普勒频率与到达角之间的关系，以及杂波特性随采样快拍的变化情况，进一步详细研究了两种机载外辐射源雷达系统的杂波空时谱特性。本书主要集中在机载外辐射源雷达系统的杂波抑制算法的研究，而正侧视线阵有助于说明其基本原理，如无特殊说明，本书均考虑均匀正侧视线阵。

2.1 机载平台杂波抑制算法理论基础

2.1.1 DPCA 算法原理

DPCA 技术是通过平台运动补偿来消除杂波的技术，其核心思想是将天线相位中心相对飞行方向做物理偏移或电偏移，达到消除平台运动、导致的杂波谱展宽的目的。图 2. 1 为两脉冲 DPCA 杂波对消的原理示意图。两天线平行飞行方向安放，在 m=1 时刻，天线对置于虚线位置，m=2 时刻的天线对在实线处。那么，第二个天线在 m=1 时刻的回波信号 c_{12} 与第一个天线在 m=2 时刻的回波信号 c_{21} 是在相同的位置上接收的，杂波相位一致，只需两信号相减即可完成杂波对消。

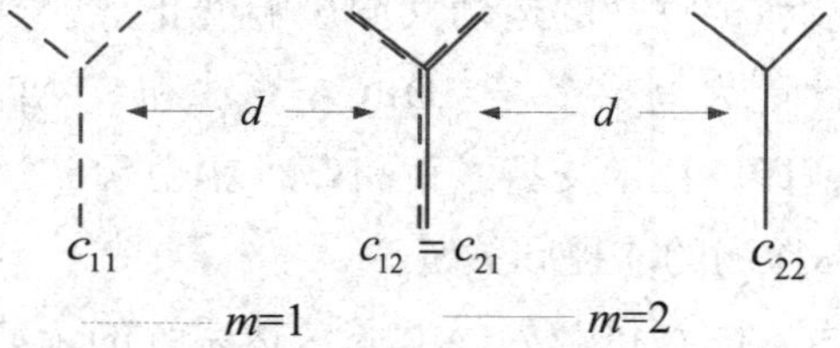

图 2.1　两脉冲 DPCA 杂波对消器原理

进一步的，可以从空时二维处理角度来理解与分析 DPCA 技术，两单元的 DPCA 原理示意图如图 2. 2 所示。假设载机速度为 v，单元接收信号为 u，信号波长为 λ，那么，输出信号可以表示为

$$Y = u\mathrm{e}^{\mathrm{j}2\pi f_d T} - u\mathrm{e}^{\mathrm{j}2\pi \frac{d}{\lambda}\cos\phi} \tag{2-1}$$

其中，$f_d = 2v\cos\phi/\lambda$；T 为脉冲重复周期。DPCA 算法的滤波特性为

$$H\left(f_d, \cos\phi\right) = 1 - \mathrm{e}^{\mathrm{j}2\pi\left(\frac{d}{\lambda}\cos\phi - f_d T\right)} \tag{2-2}$$

为实现杂波相消，须满足 $H\left(f_d, \cos\phi\right) = 0$，即满足 $d\cos\phi/\lambda - f_d T = 0$ 的条件，此时可得 $d = 2vT$。

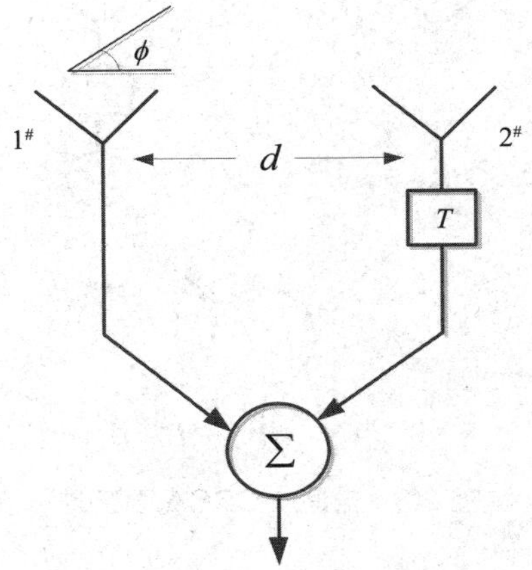

图 2.2 DPCA 原理图

DPCA 方法的缺点在于两天线 DPCA 方法对载机速度、天线距离和脉冲重复周期有严格的限制，一旦出现通道误差、载机非匀速及测量误差等情况，$d = 2vT$ 的条件不能满足，DPCA 方法就无法有效抑制杂波，因此 DPCA 方法的杂波相消能力对误差十分敏感。自适应 DPCA（a daptive DPCA，ADPCA）方法可以有效补偿误差导致的影响，其原理图如图 2. 3 所示。该方法的二维滤波特性可以表示为

$$H_1\left(f_d, \cos\phi\right) = 1 - w\mathrm{e}^{\mathrm{j}2\pi\left(\frac{d}{\lambda}\cos\phi - f_d T\right)} \tag{2-3}$$

其中，w 为自适应权系数。

需要说明的是，将图 2. 3 所示的两天线 ADPCA 方法推及到多相位中心、多个脉冲延迟，并对每个阵元的每个脉冲输出均用自适应系数加权，权矢量求取以最大信噪比为准则，实质上就等价于 STAP 方法的基本原理。下节将对 STAP 算法的原理和性能评价准则进行简要介绍。

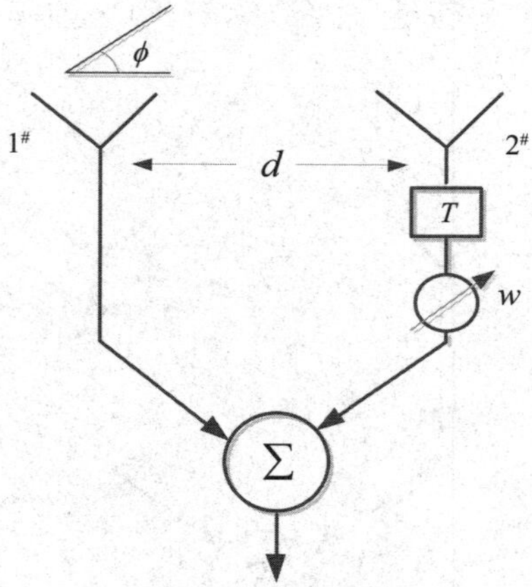

图 2.3　自适应 DPCA 原理图

2.1.2　STAP 算法原理

假设机载雷达的正侧视均匀线阵由 N 个接收阵元组成，且阵元间距为 d_a，载机高度为 h_p，运动速度为 v_p，几何结构如图 2.4 所示。相参积累时间内接收 M 个脉冲信号，脉冲重复周期为 T，信号波长为 λ，每个脉冲按奈奎斯特采样率采样 L 次。将 N 个阵元接收到的回波信号经过下变频后与基带信号进行匹配滤波，可以得到如图 2.5 所示的 $M \times N \times L$ 维的数据块。图中行代表慢时间采样，列代表空间采样，距离维表示快时间采样。同一个距离门的所有数据按照阵元空间被堆砌成一个列矢量，可以构成 $MN \times 1$ 维的空时观测向量，并定义为一个空时快拍信号。

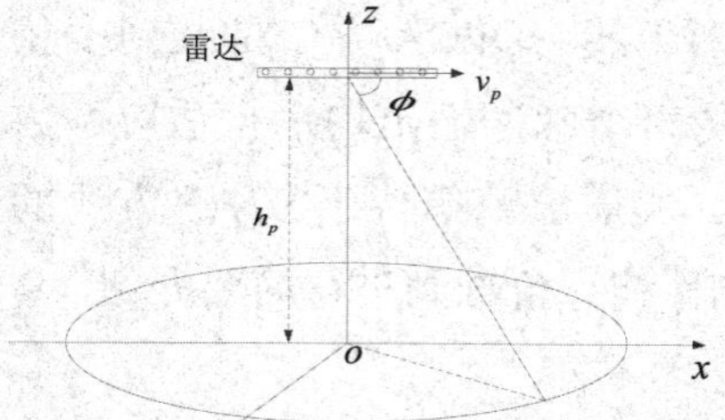

图 2.4　机载雷达几何构图

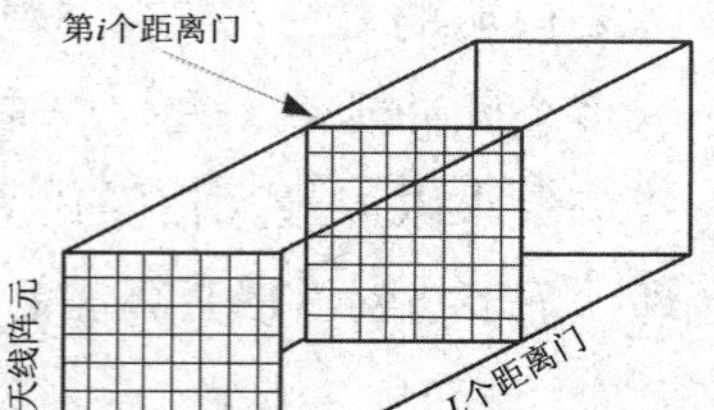

图 2.5　积累时间内数据块的图形表示

干扰空时快拍信号可表示为

$$\boldsymbol{x}_I = \boldsymbol{x}_c + \boldsymbol{x}_n \tag{2-4}$$

其中，$\boldsymbol{x}_c$ 为杂波快拍信号；$\boldsymbol{x}_n$ 表示噪声信号，通常设定其为服从零均值，方差 σ_n^2 的高斯白噪声。假设不存在距离模糊，杂波快拍 $\boldsymbol{x}_c$ 可以理解为距离环内 N_c 个静止散射点回波的累加，即

$$\boldsymbol{x}_c = \sum_{i=1}^{N_c} \varepsilon_i \boldsymbol{v}(\varpi_i, \vartheta_i) = \sum_{i=1}^{N_c} \varepsilon_i \boldsymbol{v}_s(\vartheta_i) \otimes \boldsymbol{v}_t(\varpi_i) \tag{2-5}$$

其中，“ ⊗ ”表示 Kronecker 积；ε_i 为复幅度；$\boldsymbol{v}(\varpi_i,\vartheta_i)$ 表示空时导向矢量；ϖ_i 和 ϑ_i 分别为该散射点的多普勒频率和空间频率，且满足 $\varpi_i = 2v_p T/\lambda \cos\phi_i$，$\vartheta_i = d/\lambda \cos\phi_i$；$\boldsymbol{v}_s(\vartheta)$ 和 $\boldsymbol{v}_t(\varpi)$ 分别为空间导向矢量和时间导向矢量，定义为

$$\boldsymbol{v}_s(\vartheta) = \left[1, \exp(\mathrm{j}2\pi\vartheta), \cdots, \exp\left(\mathrm{j}2\pi(N-1)\vartheta\right)\right]^{\mathrm{T}} \tag{2-6}$$

$$\boldsymbol{v}_t(\varpi) = \left[1, \exp(\mathrm{j}2\pi\varpi), \cdots, \exp\left(\mathrm{j}2\pi(M-1)\varpi\right)\right]^{\mathrm{T}} \tag{2-7}$$

检测距离门的快拍信号为

$$\boldsymbol{x} = \boldsymbol{x}_t + \boldsymbol{x}_I \tag{2-8}$$

其中，目标信号 $\boldsymbol{x}_t = \varepsilon_t \boldsymbol{v}(\varpi_t, \vartheta_t)$；$\varepsilon_t$ 为信号幅度；$\boldsymbol{v}(\varpi_t,\vartheta_t)$ 为目标的空时导向矢量；ϖ_t 与 ϑ_t 分别为其多普勒频率和空间频率。

杂波和噪声之间的幅度通常认为是统计独立不相关的[4]，干扰信号的协方差矩阵可表示如下：

$$\boldsymbol{R}_I = \boldsymbol{R}_c + \boldsymbol{R}_n \tag{2-9}$$

其中，噪声协方差矩阵为 $\boldsymbol{R}_n = \mathrm{E}\left[\boldsymbol{x}_n \boldsymbol{x}_n^{\mathrm{H}}\right] = \sigma_n^2 \boldsymbol{I}_{MN}$；杂波协方差矩阵 $\boldsymbol{R}_c = \mathrm{E}\left[\boldsymbol{x}_c \boldsymbol{x}_c^{\mathrm{H}}\right]$；$\boldsymbol{I}_{MN}$ 表示单位阵，矩阵维度为 MN。

以输出功率最小且保证目标信号能量为准则，求取最优权矢量，其数学表达式为

$$\min \mathrm{E}\left[\left|\boldsymbol{w}^{\mathrm{H}} \boldsymbol{x}_I\right|^2\right] = \boldsymbol{w}^{\mathrm{H}} R_I \boldsymbol{w} \text{ 满足 } \boldsymbol{w}^{\mathrm{H}} \boldsymbol{v}(\varpi_t, \vartheta_t) = 1 \tag{2-10}$$

因此 STAP 最优权矢量可以表示为

$$\boldsymbol{w}_{\mathrm{opt}} = \mu R_I^{-1} \boldsymbol{v}(\varpi_t, \vartheta_t) \tag{2-11}$$

其中，$\mu=\left[\boldsymbol{v}^{\mathrm{H}}\left(\varpi_t,\vartheta_t\right)R_I^{-1}\boldsymbol{v}\left(\varpi_t,\vartheta_t\right)\right]^{-1}$。

在实际处理中，干扰协方差矩阵往往是利用检测单元门附近的快拍样本数据求均值得到的。为保证杂波抑制性能，STAP 方法要求样本数据的杂波分布特性与目标所在单元的相同，即在距离维上杂波分布曲线一致。同时，要求样本数足够多，通常需要达到处理器维数这一数量级。这在实际雷达环境中是很难满足的，一旦符合条件的训练样本数不足，则会导致估计误差增大且杂波抑制能力降低。而 STAP 方法通常用信干噪比（signal-to-interference-plus-noise ratio，SINR）损失表征其杂波抑制性能，其定义为输出 SINR 与系统不存在杂波条件下的最优输出 SINR 的比值[4]。其中，输出 SINR 表示为

$$\mathrm{SINR}=\frac{\mathrm{E}\left[\left|\boldsymbol{w}^{\mathrm{H}}\boldsymbol{x}_t\right|^2\right]}{\mathrm{E}\left[\left|\boldsymbol{w}^{\mathrm{H}}\boldsymbol{x}_I\right|^2\right]} \tag{2-12}$$

将目标快拍信号和干扰协方差矩阵代入上式，输出 SINR 可以进一步写成

$$\mathrm{SINR}=\frac{\varepsilon_t^2\mathrm{E}\left|\boldsymbol{w}^{\mathrm{H}}\boldsymbol{v}\left(\varpi_t,\vartheta_t\right)\right|^2}{\boldsymbol{w}^{\mathrm{H}}R_I\boldsymbol{w}} \tag{2-13}$$

式（2-11）表示的最优权矢量对应于最优的 SINR，记为 $\mathrm{SINR}_{\mathrm{opt}}$。将式（2-11）代入式（2-12）可得到

$$\mathrm{SINR}_{\mathrm{opt}}=\varepsilon_t^2\boldsymbol{v}^{\mathrm{H}}\left(\varpi_t,\vartheta_t\right)R_I^{-1}\boldsymbol{v}\left(\varpi_t,\vartheta_t\right) \tag{2-14}$$

当场景中只存在热噪声时，即 $R_I=R_n=\sigma_n^2I_{MN}$，最优的输出 SINR 可写成最优的信噪比（signal-to-noise ratio，SNR）$\mathrm{SNR}_{\mathrm{opt}}=\left(\varepsilon_t^2/\sigma_n^2\right)MN$。因此，SINR 损失可以表示为

$$\mathrm{SINR}_{\mathrm{loss}}=\frac{\mathrm{SINR}}{\mathrm{SNR}_{\mathrm{opt}}}=\frac{\sigma_n^2\mathrm{E}\left|\boldsymbol{w}^{\mathrm{H}}\boldsymbol{v}\left(\varpi_t,\vartheta_t\right)\right|^2}{MN\boldsymbol{w}^{\mathrm{H}}R_I\boldsymbol{w}} \tag{2-15}$$

2.2　地－空的机载外辐射源雷达杂波特性分析

2.2.1　杂波信号模型

地－空的机载外辐射源雷达系统是指以地面第三方照射源作为发射站、载机作为接收站的机载外辐射源雷达系统，其示意图如图 2.6 所示。假设机载外辐射源雷达的接收站平行地面飞行且速度设为 v_R，一根单独指向发射站接收参考信号，参考信号纯净，N 个均匀线阵接收回波信号形成独立的接收通道，阵元间隔为 d_a。

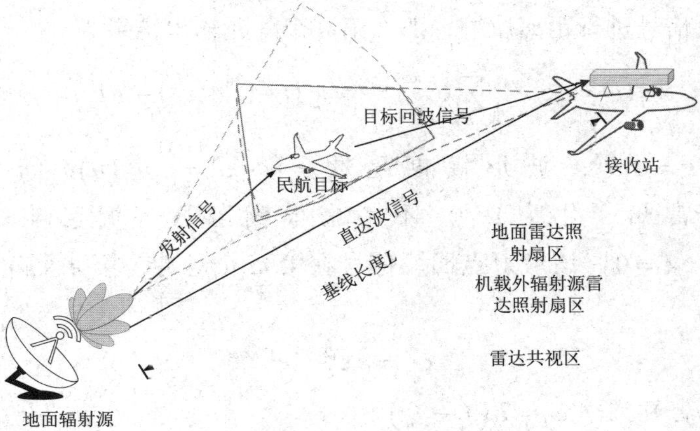

图 2.6　地－空机载外辐射源雷达示意图

若以地面商业辐射源作为发射站，发射信号通常为连续波信号，为实现距离匹配得到空时快拍信号，需要对参考通道和 N 个回波通道的信号进行均匀分段。假设一个相参积累时间内对参考信号和回波信号均分成 M 段，则等效 M 个脉冲信号，每个等效脉冲的数据长度 $L=f_sT$，其中 f_s 表示采样频率，T 表示等效脉冲的重复周期。若以地面有源雷达作为发射站，发射信号为脉冲信号，为方便后续分析处理，假设阵元数、脉冲数以及快时间采样数与基于地面商业辐射源的雷达系统一致。

令 $u_m(t-mT)$ 为第 m 个等效脉冲的基带信号，那么接收的参考信号可表示为

$$s_r(t)=\alpha_d\sum_{m=0}^{M-1}u_m(t-\tau_d-mT)\mathrm{e}^{\mathrm{j}2\pi f_d t} \tag{2-16}$$

其中，α_d 和 τ_d 分别表示直达波的幅度和时延；f_d 为其多普勒频率。假设 ϕ_i 表示阵列天线与第 i 个杂波入射方向的夹角，那么第 n 个通道接收的该散射点回波可以表示为

$$s_{n,i}(t)=\alpha_i\sum_{m=0}^{M-1}u_m(t-\tau_i-mT)\mathrm{e}^{\mathrm{j}2\pi f_i t}\mathrm{e}^{\mathrm{j}2\pi n\vartheta_i} \tag{2-17}$$

其中，α_i 和 τ_i 分别表示该杂波信号的幅度和时延；多普勒频率 $f_i=v_R/\lambda\cos\phi_i$；空间频率 $\vartheta_i=d_a/\lambda\cos\phi_i$。利用参考信号（直达波信号）对该接收信号进行距离压缩，那么第 n 个阵元输出结果为

$$x_{n,i}(t)=\varepsilon_i\mathrm{e}^{\mathrm{j}2\pi n\vartheta_i}\sum_{m=0}^{M-1}\mathrm{e}^{\mathrm{j}2\pi mT(f_i-f_d)}r_m\big(t-(\tau_i-\tau_d)-mT_r\big) \tag{2-18}$$

其中，$\varepsilon_i=\alpha_i\alpha_d^*$；波形模糊函数 $r_m(t-\tau)=\int_0^T u_m(\eta)u_m^*(\eta-t+\tau)\mathrm{d}\eta$，$r_m(0)$ 通常归一化为 1[94]。不考虑模糊函数旁瓣影响，即满足 $r_m(\tau)=0,\ \tau\neq 0$，该散射点回波信号在第 m 个脉冲，第 n 个阵元的输出可以写为

$$x_{nm}=\varepsilon_i\mathrm{e}^{\mathrm{j}2\pi n\vartheta_i}\mathrm{e}^{\mathrm{j}2\pi m\varpi_i} \tag{2-19}$$

其中，多普勒频率 $\varpi_i=T(f_i-f_d)$。

基于上一节对 STAP 原理的介绍，对 N 个阵元 M 个脉冲的回波信号均进行脉冲压缩后，能得到 $M\times N\times L$ 维的数据块。第 i 个静止散射点回波对应的空时快拍表示为

$$\boldsymbol{x}_{c,i}=\varepsilon_i\boldsymbol{v}_s(\vartheta_i)\otimes\boldsymbol{v}_t(\varpi_i) \tag{2-20}$$

由上式可知，总的杂波快拍表达式与式（2-5）一致，说明地－空的机载外辐射源雷达系统的理想杂波信号模型与上一节分析的机载单基地雷达的 STAP 杂波模型一致。对于正侧视线阵，杂波分布不随近距离变

化，即距离维上的杂波快拍的分布曲线相同，因此对地 - 空的机载外辐射源雷达系统进行介绍的杂波特性估计可实现 STAP 杂波相消。

2.2.2　杂波特性分析

在 2.1 节理论推导的基础上，本节对地 - 空机载外辐射源雷达系统进行杂波仿真并对杂波特性进行分析。假设以数字电视电台这一商业辐射源作为发射站、载机作为接收站，并利用随机信号近似表示发射的数字电视信号[94]。连续波信号的载频为 600 MHz，采样频率为 10 MHz，相参积累 25 ms 的时间。基线距离为 20 km，载机速率为 100 m/s，天线阵元数为 10，其间距等于半波长，且天线全向接收。将参考信号和回波信号分为 10 段，等效为处理 10 个脉冲，等效的脉冲重复周期为 2.5 ms。接收站沿着基线方向背对发射站飞行，因此由计算可知，直达波信号的归一化时间频率为 -1（多普勒频率为 -200 Hz）。假设杂波分布理想，根据与检测距离门附近的训练快拍计算杂波特性，从而得到空时二维谱。

图 2.7 给出了地 - 空机载外辐射源雷达的杂波信号在多普勒频率 - 空间频率的分布。根据仿真结果可以得出结论：杂波位于多普勒频率 - 空间频率平面的对角线上，且不同距离门的分布一致。但由前面的分析可知，距离匹配后，最大似然估计得到的杂波功率谱会沿多普勒维产生平移，平移的量等于直达波的多普勒频率，如图 2.8 所示。仿真中待检测的距离和为 35 km，分辨单元大小为 30m，选择合适的 200 个训练样本（对应双基地距离和范围为 32 km 至 38 km）来计算目标所在单元的功率谱。从图中可以发现，因为接收平台的运动，杂波回波分布于整个多普勒平面。仿真结果与理论分析一致，即多普勒频率和空间锥角余弦呈线性关系，同时，由于直达波多普勒不为零，匹配滤波后杂波谱的多普勒值是相对直达波多普勒频率的，杂波空时谱会沿多普勒维搬移。因杂波分布曲线不随距离变化，且利用足够多的样本信号来计算检测距离门的杂波空时谱，因此图 2.8 可以准确反映出该系统下的杂波分布特性。

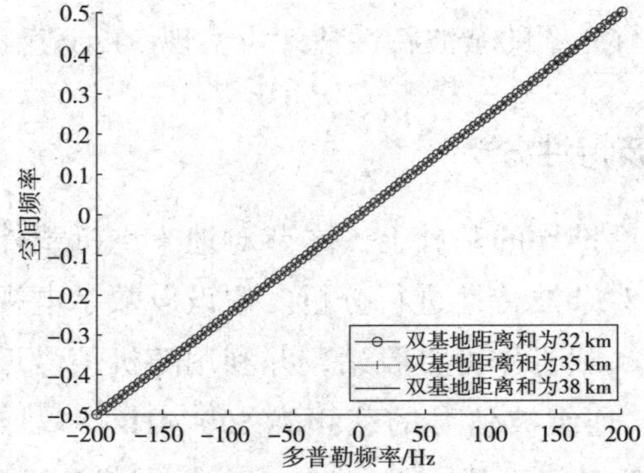

图 2.7　杂波多普勒频率 – 空间频率的分布仿真图

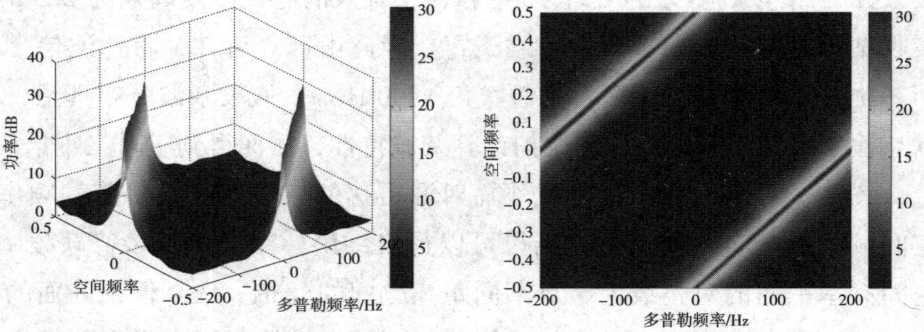

(a) 二维杂波功率谱图　　(b) 二维杂波谱平面图

图 2.8　地 – 空机载外辐射源雷达杂波功率谱

利用训练快拍数据可以估计杂波特性，可进一步计算 STAP 算法频响图。图 2.9 表示地 – 空机载外辐射源雷达 STAP 方法的二维频响图。由图可知，STAP 方法在目标位置（ $\varpi_t=0$ 且 $\vartheta_t=0$ ）有较大的输出功率，而在杂波位置存在二维凹口，从而达到抑制的目的。

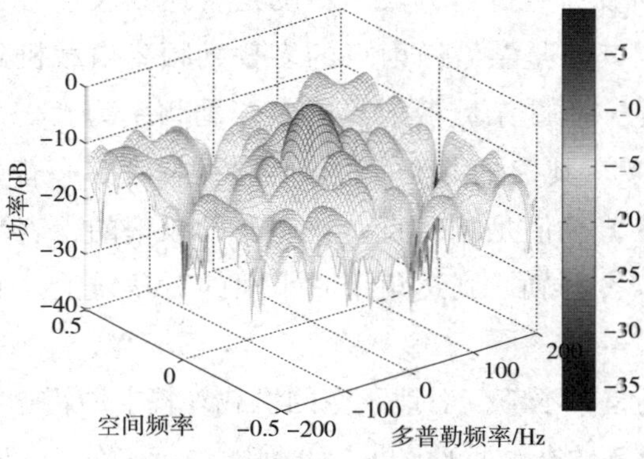

图 2.9　地 - 空机载外辐射源雷达 STAP 方法二维频响图

图 2. 10 为地 - 空机载外辐射源雷达的 SINR 损失性能仿真结果。假设目标空间频率 $\vartheta_t = 0$，此时由图 2. 8(b) 可知，杂波位于多普勒频率 200 Hz 与 -200 Hz 处。从图 2. 10 可以看出，STAP 处理器仅在杂波区域形成深且窄的凹口，说明 STAP 处理可以有效滤除杂波并提高慢速目标检测能力，同时在非杂波区域保持较高的输出功率，证明在理想条件下，该系统的 STAP 处理器可以保证有效地滤除杂波，从而实现目标检测。

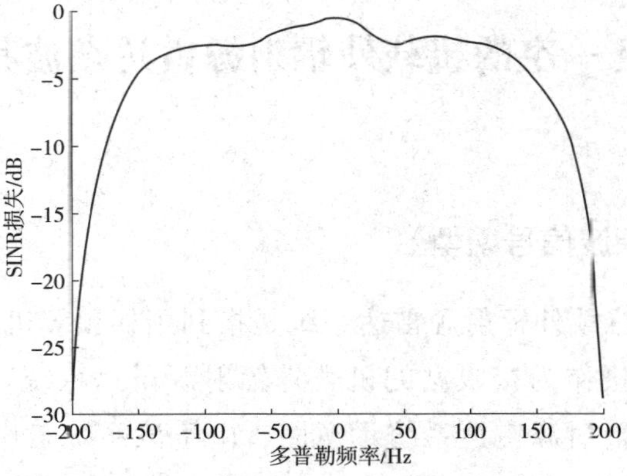

图 2.10　地 - 空机载外辐射源雷达的 SINR 损失性能

地 - 空机载外辐射源雷达系统与单基地机载雷达系统相比，其区别主要有三点：其一是如果辐射源发射连续波信号，在匹配滤波之前需要对参考信号和回波信号进行分段，目的是将连续波信号等效为脉冲信号进行脉压处理。其二是杂波散射点的多普勒频率由载机到散射点的单程距离变化率决定，因此杂波散射点的多普勒频率为$f_i = v_R / \lambda \cos\phi_i$而不再是$f_i = 2v_R / \lambda \cos\phi_i$。其三是由于直达波信号同样存在多普勒频率，匹配滤波后杂波谱的多普勒值是相对直达波多普勒频率的，表现为杂波空时二维谱不再分布于多普勒 - 到达角余弦平面的对角线上，而是沿多普勒维有一定的搬移。

需要说明的是，本节仅对地 - 空的机载外辐射源雷达在正侧视且杂波环境理想的情况下的杂波特性和 STAP 性能进行了分析，通过信号模型和仿真实验说明地 - 空的机载外辐射源雷达系统可以等价于机载单基地雷达系统。实际的机载单基地雷达系统会面临非正侧视、杂波特性非均匀、距离模糊及训练样本数不足等情况，从而限制 STAP 方法的杂波抑制和目标检测能力。对于上述问题，诸多文献对此展开了深入研究[41-50]，并且改进的 STAP 方法同样适用于地 - 空的机载外辐射源雷达系统，这里不再长篇赘述。

2.3　空 - 空的机载外辐射源雷达杂波特性分析

2.3.1　杂波信号模型

空 - 空的机载外辐射源雷达系统是指利用如预警机的空中照射源作为发射站、载机作为接收站的机载外辐射源雷达系统。图 2.11 给出了空 - 空机载外辐射源雷达系统示意图，由于该系统工作于非合作模式，因此接收站需要一个参考波束指向发射站来接收直达波信号，进而实现匹配滤波和杂波特性估计。和第 2.2 节分析的地 - 空机载外辐射源雷达系统相比，空 - 空机载雷达系统的复杂性如下：由于发射平台的运动，即使在正侧视配置下，杂波分布曲线不再固定不变，而是随着双基距离和变化。同时，对于不同的双基几何结构，杂波特性也存在差异，这将导致符合条件的样本数据大大减少，杂波特性估计不准确，从而影响 STAP 方法的性能[100-105]。

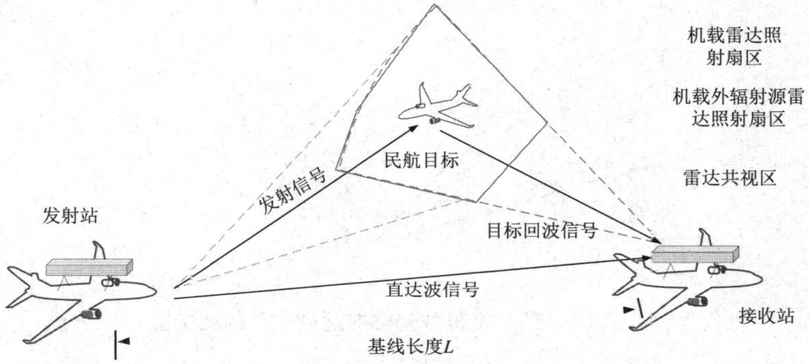

图 2.11　空 – 空机载外辐射源雷达示意图

为建立杂波信号模型，分析空 – 空的机载外辐射源雷达系统的杂波特性，图 2. 12 给出了任意几何配置、任意飞行模式下的几何结构图。其中 T 表示发射站位置，发射站以高度 h_T 平行地面飞行，飞行速率恒定且设为 v_T，R 表示接收站的位置，接收站以高度 h_R 平行地面飞行，飞行速率恒定且设为 v_R。第 i 个杂波散射点的位置为 P，双基地基线长度为 L，发射站位置在地面上的投影位置位于 B，雷达天线均是正侧面放置。如图 2. 12 所示建立坐标系，其中接收站的位置 R 在地面上的投影定义为坐标原点，基线在地面的投影定义为 x 轴。RP 表示第 i 个杂波块位置到接收站位置之间的长度，TP 表示该散射点到发射站位置之间的长度。φ_T 与 ϑ_T 表示第 i 个散射点位置对应于速度 v_T 方向的方位角与俯仰角，φ_R 与 ϑ_R 表示该散射点位置对应于速度 v_T 方向的方位角与俯仰角。将线 OP 与线 OB 之间的角度定义为 ϕ_R，线 BP 与线 OB 之间的角度定义为 ϕ_T，R_s 表示机载双基地距离和。

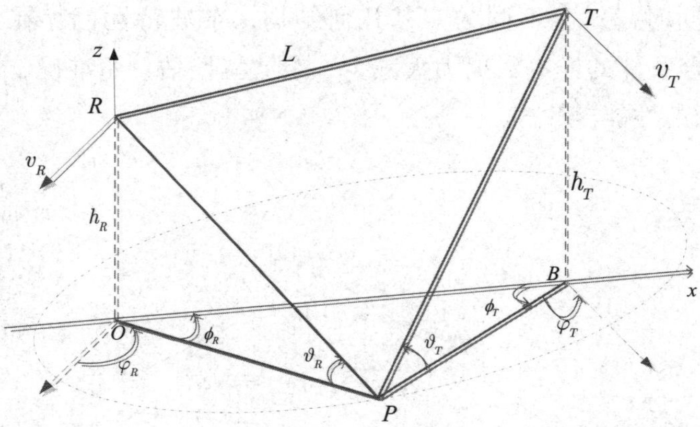

图 2.12　空－空机载外辐射源雷达几何结构图

为推导出杂波谱的分布曲线，首先考虑单个散射点的空、时频率的对应关系。根据系统中第 i 个散射点信息，可以计算其多普勒频率

$$f_{d,i}=\frac{v_T}{\lambda}\cos(\varphi_T)\cos(\vartheta_T)+\frac{v_R}{\lambda}\cos(\varphi_R)\cos(\vartheta_R) \tag{2-21}$$

由图 2.12 的几何关系可以推导出如下公式

$$OB=\sqrt{L^2-(h_R-h_T)^2} \tag{2-22}$$

$$\begin{aligned}TP&=\sqrt{h_T^2+OB^2+OP^2-2OB\cdot OP\cdot\cos\phi}\\&=\sqrt{h_T^2+OB^2+RP^2-h_R^2-2OB\cdot\sqrt{RP^2-h_R^2}\cdot\cos\phi}\end{aligned} \tag{2-23}$$

$$TP+RP=R_s \tag{2-24}$$

对于固定的距离环，固定的杂波散射点，由上述 3 个公式可以确定 TP、RP、OP 和 BP，进一步地确定 ϑ_T 和 ϑ_R。当飞行模式确定时，则可以得到具体的多普勒频率表达式，从而确定多普勒频率和杂波散射点到达角之间的联系。在此基础上，由上一节分析可推导出该散射点的回波信号及空时快拍响应，进而得到杂波协方差矩阵的估计。

2.3.2　杂波特性分析

空 - 空的机载外辐射源雷达系统中，调整接收站或者发射站的飞行方向、速度及高度等参数，均会大大改变该系统的双基飞行模式和杂波分布曲线。为方便分析杂波特性，本书设定预警机具有与外辐射源雷达相同的高度和速率，且按照接收站和发射站飞行方向的配置情况将飞行模式分为四类进行讨论，如图 2.13 所示。四种飞行模式分别为飞行模式 1 航向一致、飞行模式 2 航向平行、飞行模式 3 航向正交和飞行模式 4 航向交叉。其中，飞行模式 4 表示双基平台的航向相交，此时发射平台飞行方向和接收平台飞行方向均按偏离基线方向 45° 的航向飞行，也属于航向垂直的一种。

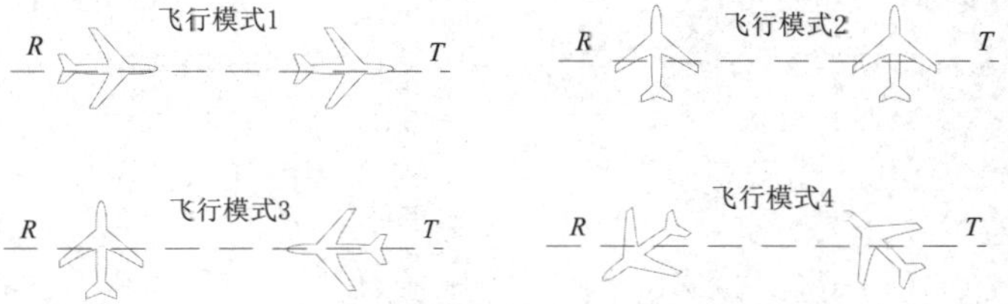

图 2.13　四种典型飞行模式

空 - 空机载外辐射源雷达系统的具体参数如下：接收天线正侧面放置，阵元数为 10，脉冲重复周期为 0.5 ms，脉冲信号带宽为 2.5 MHz，以两倍带宽进行采样，积累时间 5 ms，基线长度 120 km，发射和接收机均以 150 m/s 的速度在 7 km 恒定的高空中匀速飞行。假设系统保证准确同步，且纯净的参考信号能够准确获取。本章通过以下两组仿真实验对空 - 空机载外辐射源雷达的杂波特性进行分析。

仿真实验一：近距离环的杂波分布曲线、杂波功率谱和 SINR 损失分析。

对于近距离环的杂波特性分析，本章设置待检测的双基地距离和等于 150 km。四种飞行模式下方位多普勒二维分布的仿真结果如图 2.14 所示，从图中可以看出，在四种不同的双基飞行模式下，空 - 空的机载外辐射源雷达杂波分布曲线的区别很大。另外，对于固定的模式，图中不同的距离环（双基地距离和分别等于 144 km、150 km 和 156 km）的杂波分布曲线相似，但并不完全重合，不同距离单元上的分布差异说明该雷达系统的杂波存在距离依赖的特性。

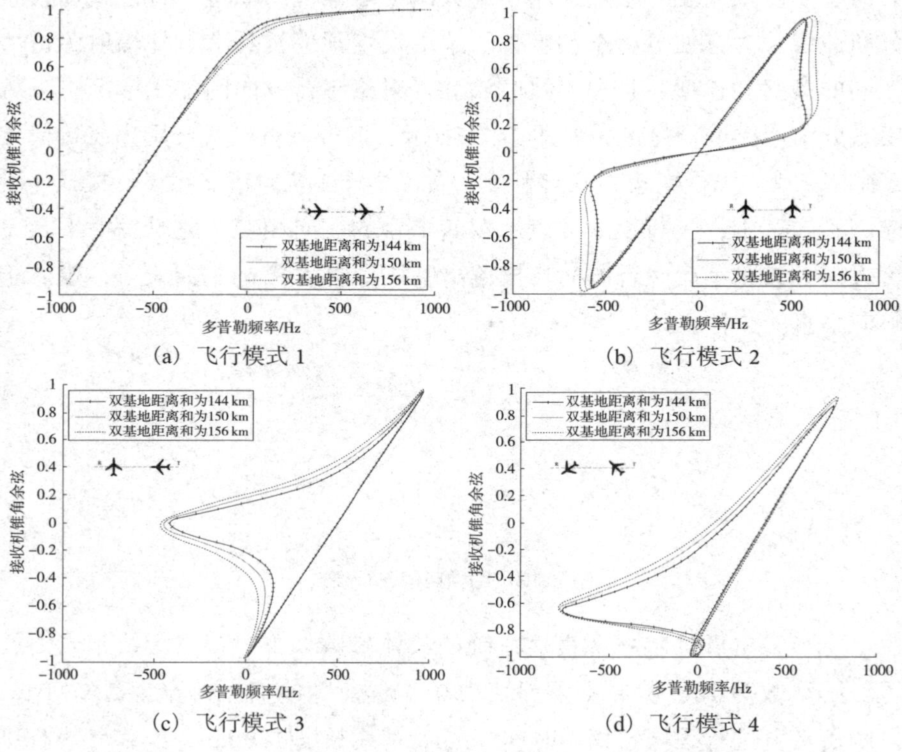

（a）飞行模式 1　（b）飞行模式 2

（c）飞行模式 3　（d）飞行模式 4

图 2.14　不同模式的锥角余弦 - 多普勒仿真图（近距离环）

STAP 方法利用检测单元门附近的快拍样本数据求均值得到干扰协方差矩阵。仿真中待检测距离和设定为 150 km，分辨单元大小为 60 m，利用待检测单元附近的 200 个训练样本（对应双基地距离和范围为 144 km 至 156 km）实现对检测单元的杂波谱估计。图 2. 15 给出了四种飞行模式下的待检测距离单元的理想杂波功率谱和实际杂波谱估计。其中，在假设样本数据具有与待检测单元相同的杂波二维分布的条件下，得到的杂波谱定义为理想杂波功率谱。从图中可以看出，由于飞行模式 1、模式 2 和模式 4 的直达波多普勒频率均为零，估计的杂波功率谱分布与图

2. 14 所示一致，而飞行模式 3 的直达波多普勒频率为 500 Hz，因此图 2. 15(e) 和图 2. 15(f) 所示的模式 3 下杂波功率谱分布较图 2. 14(c) 而言沿多普勒维存在一定的平移，且搬移量在数值上等于直达波的多普勒频率。另外，相对于理想的杂波功率谱，实际的功率谱存在明显的展宽，展宽区域与图 2. 14 的仿真结果一致。这是由于空 - 空机载外辐射源雷达的杂波分布是非平稳的，对于不同的空时快拍，杂波的二维分布情况存在差异，而在距离维对样本求均值必定导致功率谱的展宽。

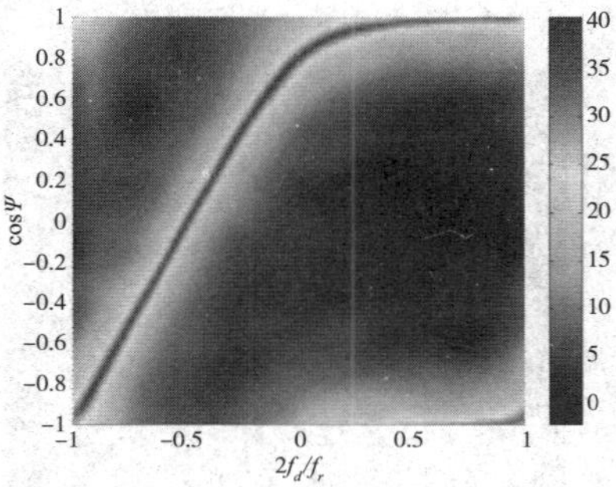

(a) 模式 1 下理想的功率谱

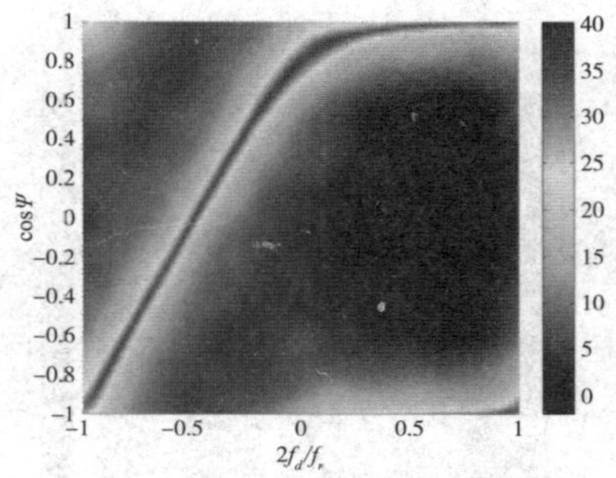

(b) 模式 1 下估计的功率谱

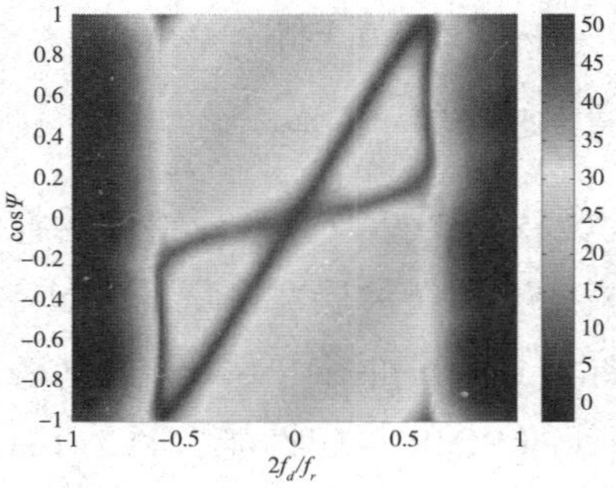

(c) 模式 2 下理想的功率谱

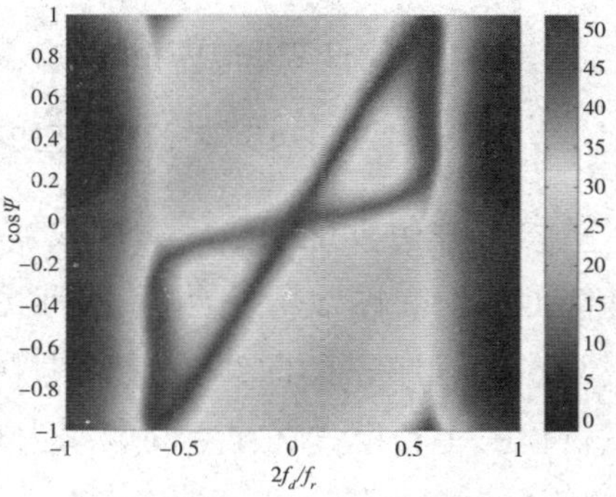

(d) 模式 2 下估计的功率谱

图 2.15　不同模式下的功率谱（近距离环）

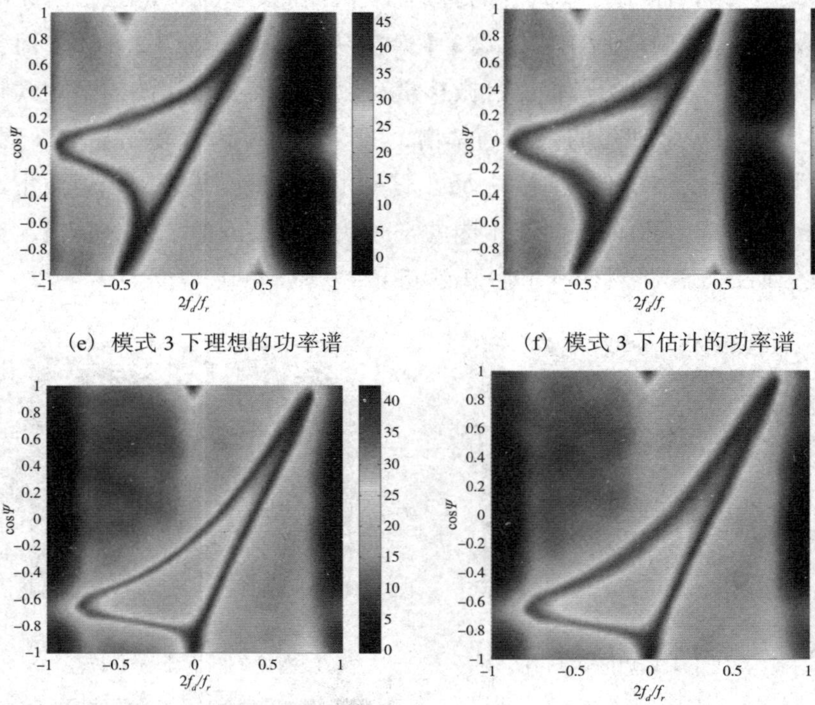

(e) 模式 3 下理想的功率谱

(f) 模式 3 下估计的功率谱

(g) 模式 4 下理想的功率谱

(h) 模式 4 下估计的功率谱

图 2.15　不同模式下的功率谱（近距离环）（续）

接下来仿真说明空 - 空机载外辐射源雷达的杂波非平稳特性对抑制性能的影响。图 2. 16 给出了四种飞行模式下在杂波展宽区域的 SINR 损失与多普勒频率的曲线分布。其中，图 2. 16(a) 和图 2. 16(b) 分别表示飞行模式 1 和模式 2 在空间频率为 0. 8 处的 SINR 损失性能，图 2. 16(c) 和图 2. 16(d) 分别表示飞行模式 3 和模式 4 在空间频率为 -0. 4 处的 SINR 损失性能。从图中可以看出，当目标接近杂波频率时，曲线在该处附近形成凹口，仅径向速度足够大的目标才有可能被检测到。对比理想的杂波抑制性能和实际的杂波抑制性能可以发现，在理想情况下四种飞行模式均会在杂波区域形成更窄的凹口，可以提高主瓣杂波附近的慢速目标探测能力，特别是飞行模式 2 下目标多普勒频率位于 460 ～ 600 Hz

时以及飞行模式 3 下目标多普勒频率位于 −420 ～ −200 Hz 时的目标检测性能。

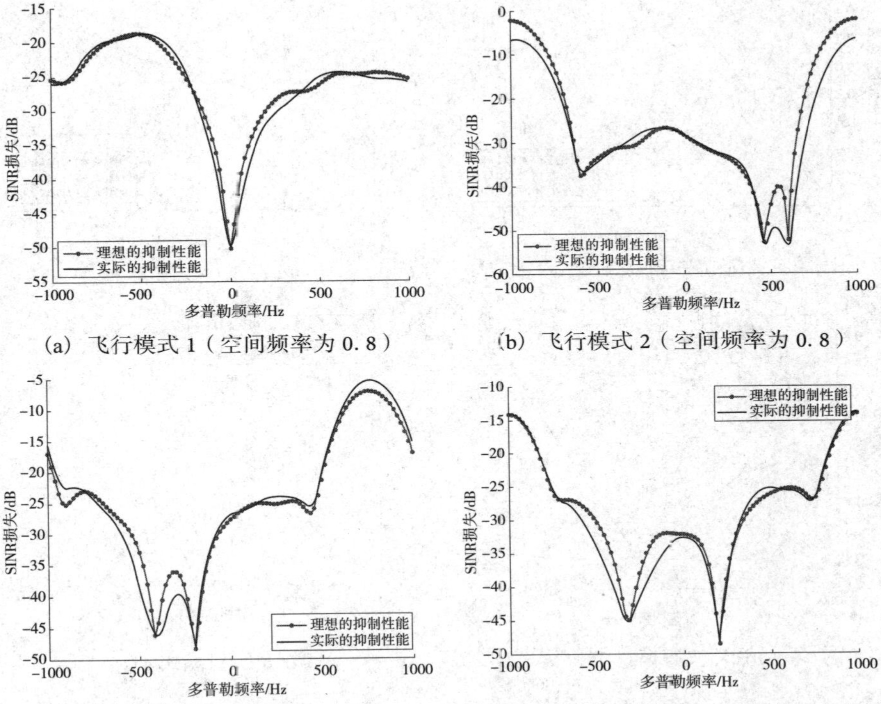

(a) 飞行模式 1（空间频率为 0. 8）　(b) 飞行模式 2（空间频率为 0. 8）

(c) 飞行模式 3（空间频率为 −0. 4）　(d) 飞行模式 4（空间频率为 −0. 4）

图 2.16　四种模式下的 SINR 损失性能（近距离环）

仿真实验二：远距离环的杂波分布曲线、杂波功率谱和 SINR 损失分析。

对于远距离环的杂波特性分析，本章设置待检测的双基地距离和为 200 km。图 2. 17 给出了远距离环的杂波锥角余弦 - 多普勒仿真结果，其中三个距离环表示双基地距离和分别等于 194 km、200 km 和 206 km。图中结果表明，当待检测双基距离较远时，杂波二维分布随距离变化比较缓和，距离环之间的分布差异比近距离环小，说明双基地距离和的增大可以在一定程度上削弱双基构型导致的杂波分布非平稳特性。

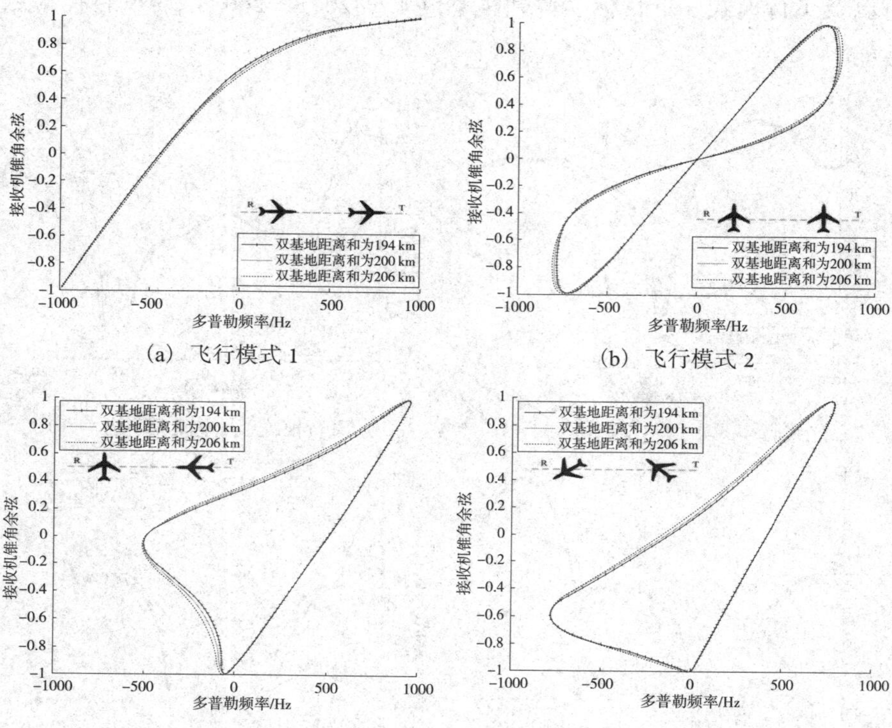

(a) 飞行模式 1　(b) 飞行模式 2

(c) 飞行模式 3　(d) 飞行模式 4

图 2.17　不同模式的锥角余弦 - 多普勒仿真图（远距离环）

图 2. 18 给出了四种飞行模式下相应的待检测距离单元的理想杂波功率谱和实际杂波谱估计。其中，待检测双基地距离和为 200 km，实际杂波谱估计结果是利用待检测单元附近的 200 个训练样本（对应双基地距离和范围为 194 km 至 206 km）得到的。对比图 2. 18 和图 2. 17 可以看出，不同模式下的杂波谱与公式推导出的二维分布基本一致，其中模式 3 下直达波的多普谱频率不为零，因此杂波空时谱沿多普勒维产生了平移。另外，相对于图 2. 18(a)、图 2. 18(c)、图 2. 18(e) 和图 2. 18(g) 表示的理想杂波谱，图 2. 18(b)、图 2. 18(d)、图 2. 18(f) 和图 2. 18(h) 所示的对应功率谱均存在一定展宽，但相对较近的双基距离和的情况（图 2. 15），其展宽程度较小。

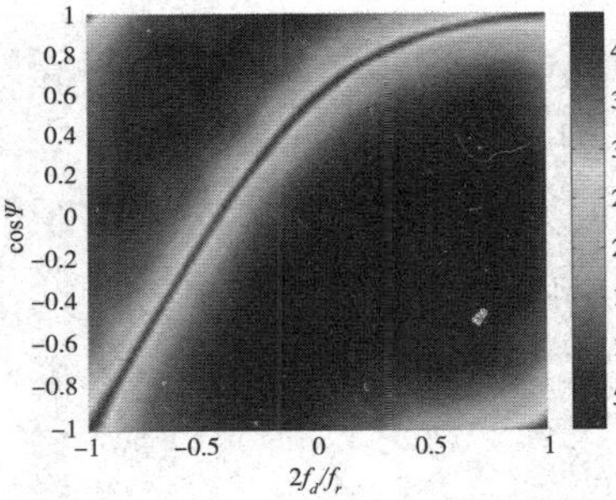

(a) 模式 1 下理想的功率谱

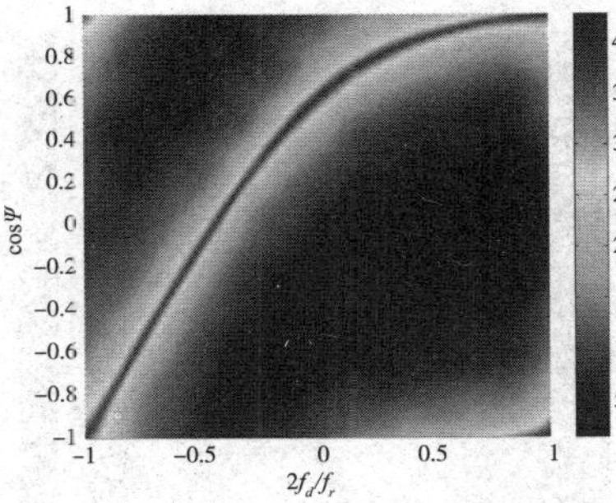

(b) 模式 1 下估计的功率谱

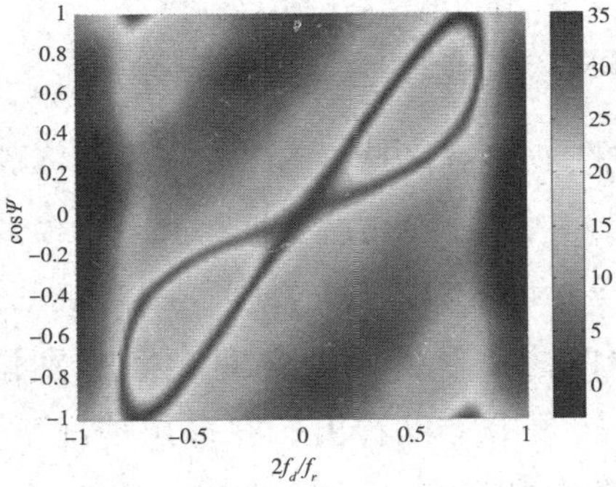

(c) 模式 2 下理想的功率谱

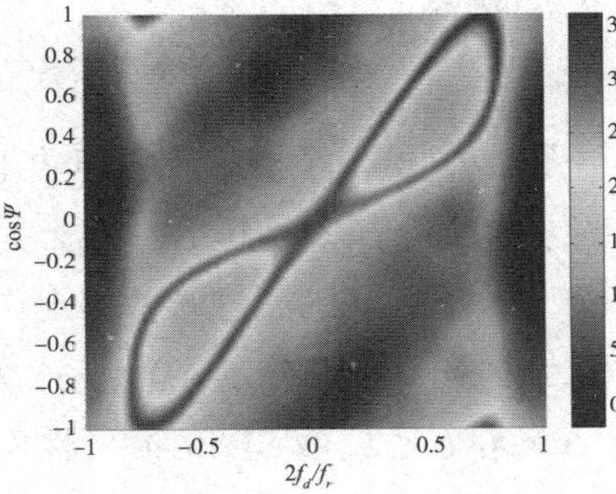

(d) 模式 2 下估计的功率谱

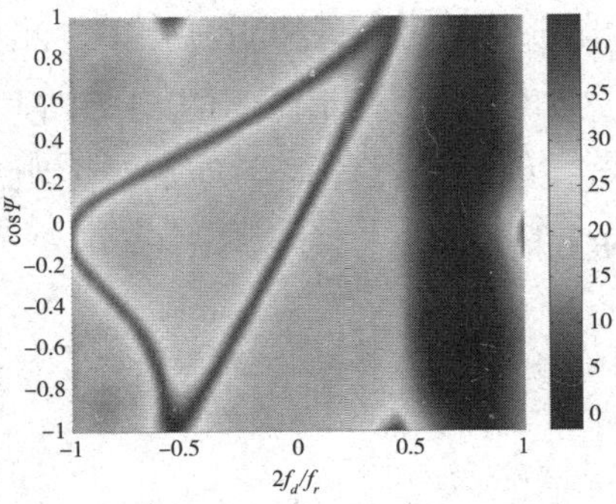

(e) 模式 3 下理想的功率谱

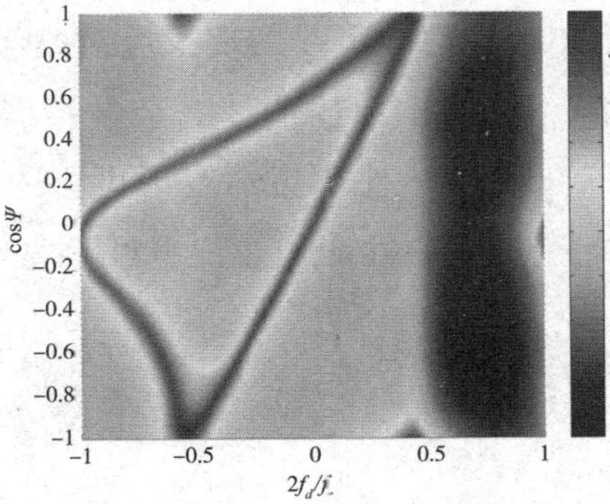

(f) 模式 3 下估计的功率谱

图 2.18　不同模式下的功率谱（远距离环）

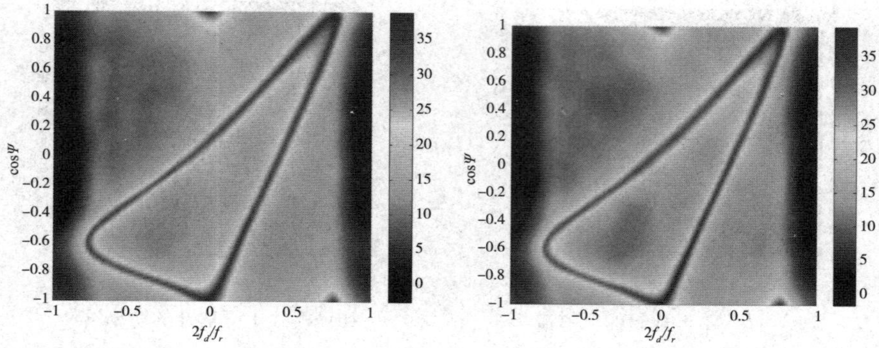

(g) 模式 4 下理想的功率谱　　(h) 模式 4 下估计的功率谱

图 2.18　不同模式下的功率谱（远距离环）（续）

图 2. 19 给出了四种飞行模式下在杂波展宽区域的 SINR 损失与多普勒频率的曲线分布。其中，图 2. 19(a) 和图 2. 19(b) 分别表示飞行模式 1 和模式 2 下目标的空间频率固定在 0. 8 处的 SINR 损失性能，图 2. 19(c) 和图 2. 19(d) 分别表示飞行模式 3 和模式 4 下目标的空间频率分别位于 -0. 4 和 0. 2 处的 SINR 损失性能。从图中可以看出，在理想情况下，四种飞行模式在杂波区域形成的凹口比实际情况下的略窄，可以提高主瓣杂波附近的慢速目标检测性能。同时，对比该仿真结果与近距离环的 SINR 损失性能可以发现，近距离环杂波的距离变化更加明显，用检测单元附近的样本数据估计的杂波谱展宽更加明显，估计得到的 SINR 损失在杂波处形成比理想情况下更宽的凹口。因此，在相同条件下，远距离环的杂波抑制性能往往优于近距离环的性能。

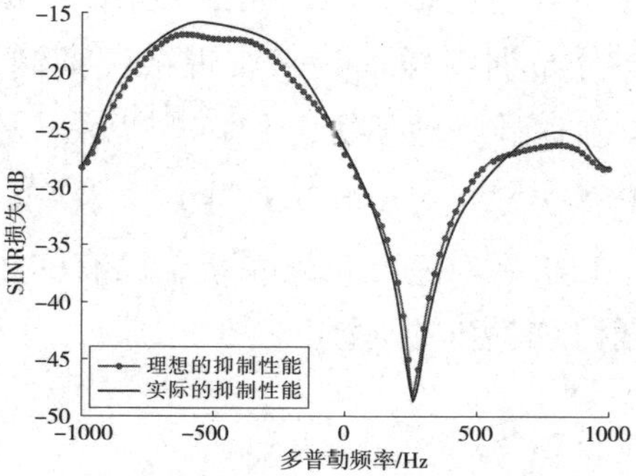

(a) 飞行模式 1（空间频率为 0.8）

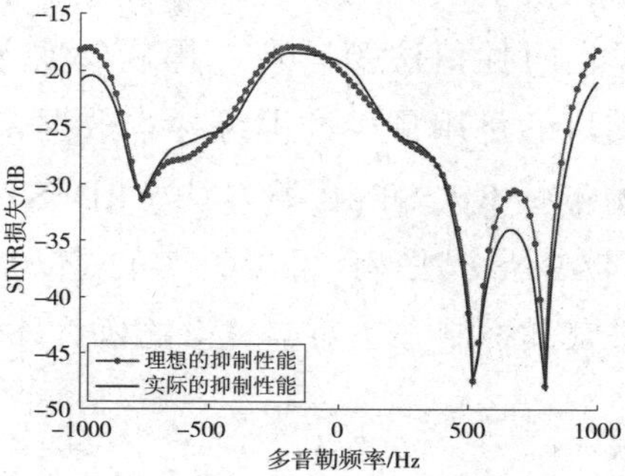

(b) 飞行模式 2（空间频率为 0.8）

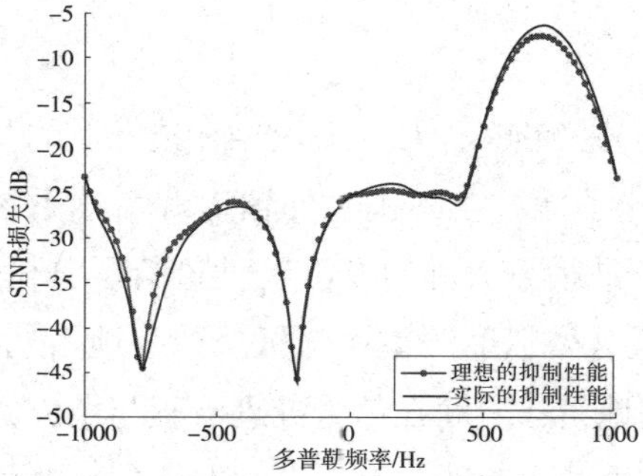

(c) 飞行模式 3（空间频率为 -0.4）

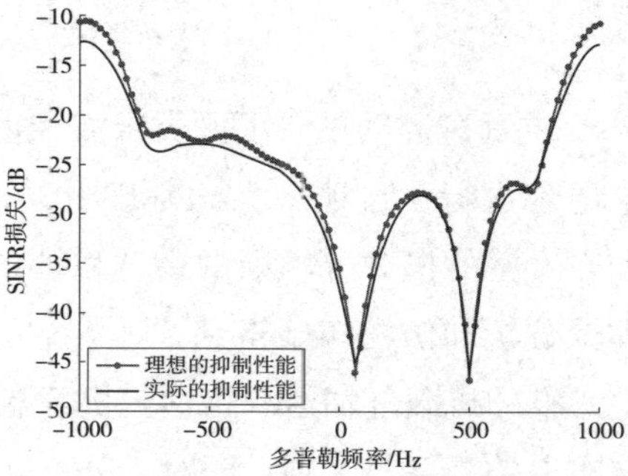

(d) 飞行模式 4（空间频率为 0.2）

图 2.19　四种模式下的 SINR 损失性能（远距离环）

通过对空－空的机载外辐射源雷达系统的分析，可以得出以下结论。

（1）该系统的杂波特性与机载双基地雷达系统的特性一致，区别在于该系统需要获取直达波信号。同时，杂波空时二维分布曲线存在一定程度的搬移，搬移量在数值上等于直达波的多普勒频率。

（2）该系统在不同距离单元上的杂波分布不同，利用检测单元附近的训练样本数据不能准确表示杂波特性，不精确的协方差估计导致 STAP 算法性能下降。双基距离和越大，越能削弱双基构型带来的杂波非平稳特性，其 STAP 性能更优于近距离环的情况。

（3）机载双基地雷达为解决双基构型导致的协方差估计不准确的问题，有两个解决思路。其一是解决非平稳问题，其核心处理训练样本数据，使不同距离单元的杂波分布重合。具体包括 ADC 方法、RBC 方法及空时插值法等。其二是减少独立同分布训练样本数来实现杂波抑制，其目的是用最少的训练样本数据来准确估计杂波协方差矩阵[106-118]。具体包括 RR-STAP 类方法、RD-STAP 类方法、KA-STAP 类方法及 SR-STAP 类方法等。需要说明的是，以上在机载双基地雷达系统下已有的改进杂波抑制方法对空 - 空的机载外辐射源雷达同样适用。

2.4 本章小结

本章对运动平台下两类杂波相消方法（DPCA 技术和 STAP 技术）的基本原理进行了说明，在此基础上，构建了地 - 空的机载外辐射源雷达系统和空 - 空的机载外辐射源雷达系统的杂波模型，并对杂波特性进行了分析。理论分析和仿真实验得到了地 - 空的机载外辐射源雷达与机载单基地雷达、空 - 空的机载外辐射源雷达与机载双基地雷达之间在信号处理流程与杂波谱分布上的联系与区别。同时，分析和仿真结果表明，针对杂波非均匀、非平稳、样本数不足及载机偏航等问题，改进的杂波滤除技术同样适用于机载外辐射源雷达系统。因此，对于之后将要开展的对机载外辐射源雷达系统的特有问题的研究，如参考信号不纯净导致目标自相消，连续波模糊函数旁瓣高导致目标检测性能下降，直达波参数估计不准确导致 DPCA 算法杂波剩余等问题，为了更有助于说明其基本原理，本书后续所讨论的外辐射源雷达问题均在地 - 空的机载外辐射源雷达系统中进行，如无特殊说明，后面均将地 - 空的机载外辐射源雷达系统简称为机载外辐射源雷达系统。

第 3 章　机载外辐射源雷达微弱目标检测算法研究

随着现代隐身技术的日益成熟，如何有效实现隐身动目标的检测是雷达所面临的主要挑战。由于微弱目标的雷达散射截面积较小、雷达回波功率较低，往往需要增加相参积累时间来获得较高的积累增益[119-122]。而机载雷达接收的目标回波通常淹没于多普勒展宽的强杂波中，且无法通过传统的时域自适应相消处理来抑制杂波，因此设计适用于机载外辐射源雷达系统的杂波对消方法是实现微弱目标探测的前提。基于此，第 2 章详细分析了 DPCA 算法和 STAP 算法，这两种算法均是机载平台有效的杂波抑制手段。然而，在长时间积累情况下，高速目标会出现距离徙动，徙动现象和数据长度的增大使 STAP 算法中杂波协方差矩阵的求取不易实现，因此本章利用 DPCA 方法来实现强杂波的抑制。

传统机载雷达利用 DPCA 方法实现杂波抑制和微弱目标检测会面临目标的距离徙动问题，从而导致目标能量分散且积累增益下降，因此须在目标检测前完成目标跨距离单元走动校正。此外，与传统机载雷达相比，机载外辐射源雷达系统所具有的特殊性主要表现在以下两方面。

（1）机载外辐射源雷达系统通常没有自主照射源，往往需要一个单独指向辐射源的天线接收或在辐射源方向形成接收波束获得直达波信号。由于接收平台的运动，直达波信号所对应的基线距离会随时间变化，长时间相参积累下，基线距离变化率可以通过定义的径向速度和径向加速度表征。随着积累时间的增加，直达波的径向速度和径向加速度对 DPCA 算法通道间相位偏差的影响增大，导致杂波无法有效滤除，因此，需要在 DPCA 前利用先验信息估计直达波信号的径向速度，从而补偿通道间相位偏差，避免杂波剩余问题。

（2）机载外辐射源雷达借助于非合作第三方照射源信号，难以实现全球定位系统对发射站位置的精确测量。此外，真实环境中无法保证接收机按理想的轨迹运动，那么实际的机载外辐射源雷达系统中不可避免地就会出现直达波参数估计误差。此时，先验知识计算得到的相位偏差无法有效补偿真实偏差，利用 DPCA 算法与理论偏差值会使杂波出现剩余，严重影响微弱目标检测性能。

为了解决上述问题，本章开展了新的适用于机载外辐射源雷达系统的微弱目标检测算法研究。针对距离徙动和杂波剩余问题，本章在长时间相参积累下的回波信号模型的基础上，首先对分段后的两通道信号进行匹配滤波，然后分别对两通道信号进行 Keystone 处理，完成相对径向速度的跨距离单元走动的校正，最后利用先验知识估计通道间相位偏差并结合两通道 DPCA 技术实现杂波抑制。进一步的，本章针对直达波参数存在误差的情况，研究了相应的微弱目标检测方法，该方法构造了相位偏差补偿函数，有效解决了因不准确的先验知识导致的杂波剩余问题，因而可以克服剩余杂波对微弱目标检测的影响。

3.1 长时间积累下的机载外辐射源雷达信号模型

考虑以地面商业照射源作为发射站、载机作为接收站，建立机载外辐射源雷达系统模型，其几何结构如图 3. 1 所示。其中 T 为发射站的位置，安置有三副天线的载机作为接收机 R，其中参考天线指向发射站接收直达波信号，另两副天线（天线 1 和天线 2）垂直航向指向观测区域独立接收回波信号并形成两路数据通道（通道 1 和通道 2），两天线沿载机航向的间距为 d。接收机参考天线和天线 1 的初始位置分别为 R_0 和 R_1，L_0 为发射站 T 距参考天线 R_0 的初始基线距离，观测区域第 i 个杂波散射点和第 l 个目标散射点的初始位置分别为 P_{ci} 和 P_{tl}，$R_{TP_{ci}0}$ 和 $R_{RP_{ci}0}$、$R_{TP_{tl}0}$ 和 $R_{RP_{tl}0}$ 分别为初始时刻该杂波散射点和该目标散射点分别到发射站和天线 1 的距离。载机以速度 v_r 平行于地面匀速飞行，该目标以速度 v_l 作匀速运动，t 时刻接收机参考天线、接收天线 1 和该目标的位置分别为 R_0'、R_1' 和 P_{tl}'。该目标运动方向与连线 $P_{tl}T$ 和 $P_{tl}R_1$ 的夹角分别为 γ_{1l} 和 γ_{3l}，假设载机的实际飞行方向与连线 R_0T、R_1P_{ci} 和 R_1P_{tl}' 的夹角分别为 α、β 和 γ_{2l}。

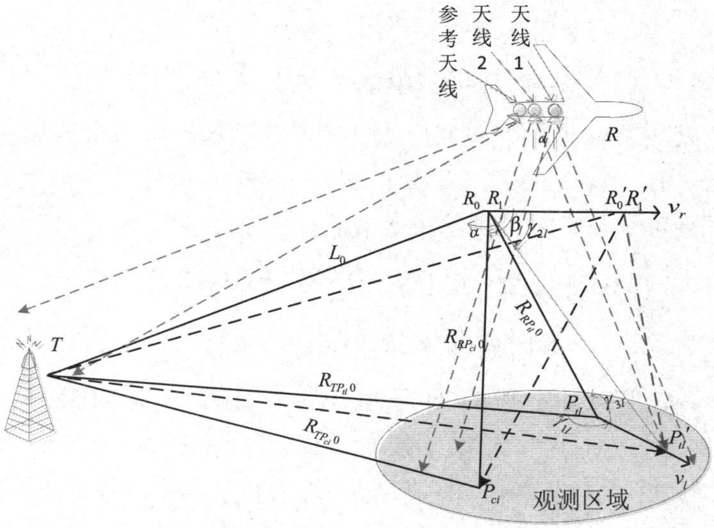

图 3.1　机载外辐射源雷达系统的几何结构图

由图 3.1 的几何关系可得 t 时刻基线距离 $L(t)$ 在 $t=0$ 处的泰勒展开可以表示为

$$L(t) \approx R_d + v_d t + a_d t^2/2 \tag{3-1}$$

其中，$R_d = L_0$；$v_d = -v_r \cos\alpha$ 定义为直达波的径向速度；$a_d = (v_r \sin\alpha)^2 / L_0$ 定义为直达波的径向加速度。

天线 1 与天线 2 接收到第 i 个杂波散射点的反射回波信号相对于直达波的径向距离分别为

$$\Delta R_{ci1}(t) \approx R_{ci} + v_{ci} t + a_{ci} t^2/2 \tag{3-2}$$

$$\Delta R_{ci2}(t) \approx \Delta R_{ci1}(t-\Delta t) - \varphi(t-\Delta t) \tag{3-3}$$

其中，$\Delta t = d/v_r$；$\varphi(t) = \left[v_d \Delta t + a_d (\Delta t)^2/2\right] + (a_d \Delta t)t$；$R_{ci} = R_{TP_{ci}0} + R_{RP_{ci}0} - R_d$、$v_{ci} = -v_r \cos\beta - v_d$、$a_{ci} = -a_d + (v_r \sin\beta)^2 / R_{RP_{ci}0}$ 分别为天线 1 接收的第 i 个杂波散射点反射回波信号的相对（相对直达波）初始距离、径向速度和径向加速度。

假设发射源基带信号为 $s(t)$，那么第 k 个（k=1, 2）通道的杂波信号为

$$\begin{aligned}\boldsymbol{y}_{kc}(t)=\sum_i A_{ci}s\left\{t-\left[\Delta R_{ci1}(t-\tau_k)+\phi_k(t)\right]/c\right\}\cdot \\ \exp\left\{-\mathrm{j}2\pi f_c\left[\Delta R_{ci1}(t-\tau_k)+\phi_k(t)\right]/c\right\}\end{aligned} \tag{3-4}$$

其中，A_{ci} 为第 i 个杂波回波信号的相对复幅度；f_c 为载波频率；c 为光速；$\tau_1=0$；$\phi_1(t)=0$；$\tau_2=\Delta t$；$\phi_2(t)=-\varphi(t-\Delta t)$。

同理可知第 k（k=1, 2）个通道的目标回波信号为

$$\begin{aligned}\boldsymbol{y}_{kt}(t)\approx\sum_l A_{ktl}s\left\{t-\left[\Delta R_{tl1}(t-\tau_k)+\phi_k(t)\right]/c\right\}\cdot \\ \exp\left\{-\mathrm{j}2\pi f_c\left[\Delta R_{tl1}(t-\tau_k)+\phi_k(t)\right]/c\right\}\end{aligned} \tag{3-5}$$

其中，A_{1tl} 和 A_{2tl} 分别为两通道第 l 个目标反射回波信号的相对复幅度；$\Delta R_{tl1}(t)$ 为天线 1 接收的该目标散射点回波相对于直达波的径向距离，并满足 $\Delta R_{tl1}(t)\approx R_{tl}+v_{tl}t+a_{tl}t^2/2$，其中天线 1 接收目标回波的相对初始距离 $R_{tl}=R_{TP_{tl}0}-R_d+R_{RP_{tl}0}$；相对径向速度 $v_{tl}=-v_r\cos\gamma_{2l}-v_l(\cos\gamma_{3l}+\cos\gamma_{1l})-v_d$；相对径向加速度 $a_{tl}=\left(v_r^2\sin^2\gamma_{2l}+v_l^2\sin^2\gamma_{3l}\right)/R_{RP_{tl}0}+v_l^2\sin^2\gamma_{1l}/R_{TP_{tl}0}-a_d$。

由式（3. 4）和式（3. 5）可得第 k（k=1, 2）个通道的回波信号为

$$\boldsymbol{y}_k(t)=\boldsymbol{y}_{kc}(t)+\boldsymbol{y}_{kt}(t)+n_k(t) \tag{3-6}$$

其中，$n_1(t)$ 和 $n_2(t)$ 分别为两通道的噪声信号。

由于接收平台的运动，直达波信号存在径向速度和径向加速度，因此在经过 DPCA 算法的通道配准后，两通道杂波回波信号的相对径向距离之间存在距离偏差 $\varphi(t)$。当检测微弱目标增加相参积累时间时，距离偏差 $\varphi(t)$ 的影响不能忽略不计，表现为式（3-6）中的两通道杂波分量 $\boldsymbol{y}_{1c}(t)$ 和 $\boldsymbol{y}_{2c}(t+\Delta t)$ 信号的包络和相位不一致。那么，在匹配滤波后对两通道信号进行 DPCA 处理，杂波不能被较大程度地对消，杂波剩余导致检测门限提高，杂波附近或杂波间的目标检测概率降低，不利于目标检测。同时，长时间的相参积累导致运动目标的走动问题，造成主瓣展宽、能量分散且积累增益下降。由以上分析可知，杂波剩余和目标能量分散问题会严重恶化 DPCA 技术的目标探测能力。此外，在实际雷达系统中，难以避免的载机运动误差使实际飞行方向与初始基线方向的夹角 α 与理

论夹角 α' 之间存在估计偏差。这将导致无法根据先验知识来准确估计距离偏差 $\varphi(t)$，从而无法利用先验知识获得较好的杂波抑制性能。

3.2 基于 Keystone 变换的微弱目标检测方法

本节将开展机载外辐射源雷达系统的微弱目标检测算法研究。首先，本节对分段后的两通道信号进行脉压，得到距离匹配后的两通道信号模型。其次，在此基础上，本节从两方面着手研究了机载外辐射源雷达系统的微弱目标检测算法。其一，解决目标能量分散问题。本节利用 Keystone 算法克服目标的跨距离单元走动现象来提高目标积累增益，然后详细讨论了 Keystone 变换的基本原理与具体实现流程。其二，解决杂波剩余问题。本节先利用先验知识补偿通道间的相位偏差，再分析直达波参数存在误差时的相位偏差补偿方法。

3.2.1 等效脉冲的距离维匹配滤波

为实现 Keystone 变换和 DPCA 杂波相消，需要对一维的两通道回波信号和参考信号分段，每段等效为一个脉冲信号，分段后构成二维数据矩阵。定义分段后的等效脉冲内的时间为快时间 t_f，脉冲间的时间为慢时间 t_m。

假设发射源基带信号 $s(t)$ 的带宽为 B，根据最大径向速度 $v_{\max}$ 和天线间距 d 对参考信号和两通道回波信号进行分段。分段须保证段内无相对径向速度导致的距离徙动的同时使通过段间慢时间平移能满足双通道 DPCA 条件，即分段后等效脉冲重复周期 T_1 满足

$$T_1 \leqslant c/\left(Bv_{\max}\right) \quad ; \quad \sigma T_1 = d/v_r \tag{3-7}$$

其中，σ 为正整数。根据等效脉冲重复周期 T_1，分别对回波信号和参考信号进行分段，分段总数为 M，即等效为 M 脉冲。由于噪声与信号统计不相关，下面分析中可省略噪声项的影响[109]，那么分段后的参考信号

和第 k（k=1, 2）个通道接收到单个散射点 p （p 为目标或者杂波）的回波信号分别为

$$x\left(t_f,t_m\right)=s\left(t_f\right) \tag{3-8}$$

$$\begin{aligned}\boldsymbol{y}_{kp}\left(t_f,t_m\right)=&A_{kp}s\left\{t_f-\left[\Delta R_{p1}\left(t_m-\tau_k\right)+\phi_k\left(t_m\right)\right]/c\right\}\\&\cdot\exp\left\{-\mathrm{j}2\pi f_c\left[\Delta R_{p1}\left(t_m-\tau_k\right)+\phi_k\left(t_m\right)\right]/c\right\}\end{aligned} \tag{3-9}$$

其中，当 p 表示第 l 个目标时，$A_{kp}=A_{ktl}$，$\Delta R_{p1}\left(t_m\right)=\Delta R_{tl1}\left(t_m\right)$；当 p 表示第 i 个杂波时，$A_{kp}=A_{ci}$，$\Delta R_{p1}\left(t_m\right)=\Delta R_{ci1}\left(t_m\right)$。

分别对两通道做匹配滤波实现距离维压缩，并对第 2 通道信号在慢时间维平移 m 个等效脉冲重复周期，以保证天线相位中心在积累时间内相对地面不动，达到两通道配准的目的。杂波和匀速运动目标的相对径向加速度对信号包络和多普勒频率的影响较小，对于目标自身加速度导致的多普勒徙动问题的校正算法可以参考相关文献[123-128]。则第 k（k=1, 2）个通道单个散射点 p（p 为目标或者杂波）的回波信号在快时间频域 - 慢时间域的表达式为

$$\begin{aligned}R_{kp}\left(f,t_m\right)=&A_{kp}'\left|s\left(f\right)\right|^2\exp\left[-\mathrm{j}2\pi\left(f+f_c\right)v_pt_m/c\right]\cdot\\&\exp\left(-\mathrm{j}2\pi fR_p/c\right)\exp\left[\mathrm{j}2\pi\left(f+f_c\right)\phi_k'\left(t_m\right)/c\right]\end{aligned} \tag{3-10}$$

其中，$A_{kp}'=A_{kp}\exp\left(-j2\pi f_cR_p/c\right)$；$f$ 为快时间频率；$\phi_1'\left(t_m\right)=0$；$\phi_2'\left(t_m\right)=\varphi\left(t_m\right)$；当 p 表示第 l 个目标时，$R_p=R_{tl}$，$v_p=v_{tl}$；当 p 表示第 i 个杂波时，$R_p=R_{ci}$，$v_p=v_{ci}$。

径向速度引起的距离徙动主要表现在式 (3-10) 中第一个指数项的快时间频率与慢时间的耦合，说明目标信号对应的延时单元随慢时间变化，积累增益下降，不利于目标检测。

3.2.2 基于 Keystone 变换的距离徙动校正

为保证目标回波的延时不再随慢时间改变，考虑应用 Keystone 变换来消除式 (3-10) 存在的耦合关系[129-133]。Keystone 变换本质上为如下式

所示的尺度变换：

$$t_m = \left[f_c / (f_c + f) \right] t_n \tag{3-11}$$

其中，t_n 为虚拟慢时间。对式（3-10）应用 Keystone 变换

$$\begin{aligned} R_{kp}(f, t_n) = A_{kp}' \left| s(f) \right|^2 \exp\left(-\mathrm{j}2\pi f R_p / c\right) \exp\left(-\mathrm{j}2\pi f_c v_p t_n / c\right) \cdot \\ \exp\left[\mathrm{j}\pi (f + f_c) \psi_{k1}\right] \exp\left(\mathrm{j}2\pi f_c \psi_{k2} t_n\right) \end{aligned} \tag{3-12}$$

其中，$\psi_{11} = 0$；$\psi_{21} = \left[2v_d \Delta t + a_d (\Delta t)^2 \right] / c$；$\psi_{12} = 0$；$\psi_{22} = a_d \Delta t / c$。此时，耦合关系已得到消除，目标能量得以集中。

Keystone 变换有三种实现方法，分别为直接傅立叶变换（direct fourier transform，DFT）+ 逆快速傅立叶变换（inverse fast fourier transform，IFFT）方法、SINC 内插算法和 Chirp-Z 变换法。其中 DFT+IFFT 方法和 SINC 内插算法运算量大、计算复杂度高，不利于实时实现，而 Chirp-Z 变换法不仅能达到系统实时性的要求，还能保证较高的实现精度[129]，因此，本节采用 Chirp-Z 变换法来实现 Keystone 变换。下面分别从 Chirp-Z 变换的原理与具体实现方法两方面进行讨论。

Chirp-Z 变换法的原理如下：首先在慢时间域经过 Chirp-Z 变换得到慢时间频域表达式，然后进行 IFFT 变换来克服径向速度导致的距离徙动现象。用 η_m 表示慢时间维的采样序列，且 $\eta_m = mT_1$，那么式（3-10）可以表示为

$$\begin{aligned} R_{kp}(f, m) &= A_{kp}' \left| s(f) \right|^2 \exp\left[-\mathrm{j}2\pi (f + f_c) v_p m T_1 / c\right] \\ &\quad \cdot \exp\left(-\mathrm{j}2\pi f R_p / c\right) \exp\left[\mathrm{j}2\pi (f + f_c) \phi_k'(mT_1) / c\right] \\ &= A_{kp}' \left| s(f) \right|^2 \exp\left[-\mathrm{j}2\pi (f + f_c)(v_p - c\psi_{k2}) m T_1 / c\right] \\ &\quad \cdot \exp\left(-\mathrm{j}2\pi f R_p / c\right) \exp\left[\mathrm{j}\pi (f + f_c) \psi_{k1}\right] \end{aligned} \tag{3-13}$$

此时，为消除快时间频率与慢时间之间的耦合，需要利用螺旋线抽样的方式求取每个采样点的 z 变换。采样点在单位圆的分布间隔不再是固定的常数，而是与快时间 - 频率有关的变量，即 $(1 + f/f_c)2\pi/M$，因此令

$$z=\exp\left(-\mathrm{j}\frac{f_c+f}{f_c}\frac{2\pi}{M}\right) \tag{3-14}$$

并对式（3-13）进行 Chirp-Z 变换，得到

$$\begin{aligned}R_{kp}(f,\varepsilon)&=\sum_{m=0}^{M-1}R_{kp}(f,m)z^{\varepsilon m}\\&=A_{kp}{}'\left|s(f)\right|^2\cdot\exp\left(-\mathrm{j}2\pi fR_p/c\right)\exp\left[\mathrm{j}\pi\left(f+f_c\right)\psi_{k1}\right]\cdot\\&\quad\sum_{m=0}^{M-1}\exp\left[-\mathrm{j}\frac{2\pi m}{M}\frac{f_c+f}{f_c}\left(\varepsilon-Mf_c\left(v_p-c\psi_{k2}\right)T_1/c\right)\right]\\&=A_{kp}{}'\left|s(f)\right|^2\cdot\exp\left(-\mathrm{j}2\pi fR_p/c\right)\exp\left[\mathrm{j}\pi\left(f+f_c\right)\psi_{k1}\right]\cdot\\&\quad\delta\left(\varepsilon-Mf_c\left(v_p-c\psi_{k2}\right)T_1/c\right)\end{aligned} \tag{3-15}$$

对上式在慢时间域进行 IFFT 变换运算可得到如式（3-12）所示的 Keystone 变换后的结果。经过以上处理，可完成集中目标能量、提高目标探测能力的要求。

在具体实现过程中，为减小式（3-15）的计算复杂度，可将 Chirp-Z 算法采用循环卷积的方式实现。式（3-15）可以改写为

$$R_{kp}(f,\varepsilon)=z^{\frac{\varepsilon^2}{2}}\sum_{m=0}^{M-1}R_{kp}(f,m)z^{\frac{m^2}{2}}z^{-\frac{(\varepsilon-m)^2}{2}}=z^{\frac{\varepsilon^2}{2}}\sum_{m=0}^{M-1}g_{kp}(f,m)h(\varepsilon-m) \tag{3-16}$$

其中，$g_{kp}(f,m)=R_{kp}(f,m)z^{\frac{m^2}{2}}$；$h(m)=z^{-\frac{m^2}{2}}$。由上式可知，采样点的 z 变换可以通过 $g_{kp}(f,m)$ 和 $h(m)$ 的卷积结果与 $z^{\frac{\varepsilon^2}{2}}$ 相乘得到，在频域可以使用 FFT 快速算法实现。

基于 Chirp-Z 算法的 Keystone 变换的具体实现流程如下：

（1）选择最小的正整数满足 $L\geqslant 2M-1$ 且为 2 的整数次幂。

（2）令 L 点序列 $g_{kp}(f,m)$ 与 $h(m)$ 分别为

$$g_{kp}(f,m)=\begin{cases}R_{kp}(f,m)z^{\frac{m^2}{2}}, & 0\leqslant m\leqslant M-1,\\0, & M\leqslant m\leqslant L-1。\end{cases} \tag{3-17}$$

$$h(m)=\begin{cases}z^{-\frac{m^2}{2}}, & 0\leqslant m\leqslant M-1,\\z^{-\frac{(L-m)^2}{2}}, & M\leqslant m\leqslant L-1。\end{cases} \tag{3-18}$$

（3）计算。

$$q_{kp}(f,\varepsilon)=\mathrm{IFFT}\left\{\mathrm{FFT}\left\{g_{kp}(f,m)\right\}\cdot\mathrm{FFT}\left\{h(m)\right\}\right\} \tag{3-19}$$

（4）求取式（3-16），得

$$R_{kp}(f,\varepsilon)=z^{\frac{\varepsilon^2}{2}}q_{kp}(f,\varepsilon)\quad 0\leqslant\varepsilon\leqslant M-1 \tag{3-20}$$

（5）对上式在慢时间域进行 IFFT 变换运算即完成变换。

3.3.3　通道间相位偏差校正及杂波抑制方法

上一节利用 Keystone 变换解决了目标能量分散问题，为更清晰地表明相对径向速度引起的跨距离走动现象已得到克服，对式（3-12）在快时间频域上作 IFFT 变换，将其变换到距离时域，可得到变换后的输出结果为

$$\begin{aligned}R_{kp}(t_f,t_n)=&A_{kp}{}'s'\left(t_f-R_p/c+\psi_{k1}/2\right)\exp\left(-\mathrm{j}2\pi f_c v_p t_n/c\right)\cdot\\&\exp\left[\mathrm{j}\pi f_c\psi_{k1}\right]\exp\left(\mathrm{j}2\pi f_c\psi_{k2}t_n\right)\end{aligned} \tag{3-21}$$

其中，$s'(t_f)=\mathrm{IFFT}\left(\left|s(f)\right|^2\right)$。从上式可以看出，Keystone 变换后，信号延时不再随慢时间变化，目标能量集中。

然而式（3-21）中 ψ_{k1} 与 ψ_{k2} 的存在说明两通道信号变换到时域时，两通道杂波分量的包络和相位不一致，直接利用 DPCA 算法导致杂波出现剩余，因此必须在应用 DPCA 方法前对两通道的相位偏差进行补偿以实现杂波的抑制。由上一节分析可知，$\psi_{11}=\psi_{12}=0$，ψ_{21} 和 ψ_{22} 的值由直达波的径向速度和径向加速度决定，则可以利用先验知识估计直达波参数，进而在快时间频域－慢时间域对第 2 通道构造补偿函数 $H(f,t_n)$：

$$H(f,t_n)=\exp\left[-\mathrm{j}\pi(f+f_c)\psi_{21}\right]\exp\left(-\mathrm{j}2\pi f_c\psi_{22}t_n\right) \tag{3-22}$$

利用上式对第 2 通道进行相位偏差补偿，可得到在快时间频域－满时间域对应散射点 p 的信号表达式：

$$R_{2p}{}'(f,t_n)=A_{2p}{}'\,s(f)|^2\exp\left(-\mathrm{j}2\pi fR_p/c\right)\exp\left[-\mathrm{j}2\pi f_c\left(v_p/c\right)t_n\right] \tag{3-23}$$

第 2 通道经慢时间平移、相位补偿后，两通道的杂波分量保持一致，对处理后的两通道信号进行 DPCA 相消，可得到相消后的结果：

$$I(f,t_n)=\sum_l A_l\left|s(f)\right|^2\exp\left[-\mathrm{j}2\pi f\left(R_{tl}/c\right)\right]\exp\left[-\mathrm{j}2\pi f_c\left(v_{tl}/c\right)t_n\right] \tag{3-24}$$

其中，$A_l=A_{1tl}{}'-A_{2tl}{}'$ 为 DPCA 处理后第 l 个目标回波信号的复幅度。

对式（3-24）在快时间频域上作 IFFT 变换，将其变换到距离时域，然后在慢时间域上作 FFT 变换将其变换到慢时间频域，则信号表达式为

$$\begin{aligned}I(t_f,f_n)=&\sum_l A_lTs'\left(t_f-R_{tl}/c\right)\sin c\left[T\left(f_n+v_{tl}/\lambda\right)\right]\\&\cdot\exp\left[-\mathrm{j}\pi T\left(f_n+v_{tl}/\lambda\right)\right]\end{aligned} \tag{3-25}$$

其中，T 为积累时间；$\lambda=c/f_c$ 为信号波长。从上式可以发现，距离徙动现象得以解决，且第 l 个目标信号的谱峰位于 $t_f=R_{tl}/c$ 和 $f_n=-v_{tl}/\lambda$ 的交点处。此时，杂波被较好抑制的同时，目标能量集中，系统的目标探测能力提高。

所提的机载外辐射源雷达系统下微弱目标检测方法的基本思路如下：首先，分别对参考信号和两通道回波信号进行分段，并利用分段后的参考信号对等效脉冲回波做距离匹配处理；其次，应用 Keystone 算法克服目标走动和能量分散问题；再次，利用先验知识对第 2 通道信号构造通道相位偏差补偿函数 $H(f,t_n)$，并结合两通道 DPCA 技术补偿由雷达平台运动引起的杂波谱展宽，实现杂波抑制；最后，分别在快时间频域和慢时间域经过 IFFT 变换和 FFT 变换来获得在距离时域－慢时间频域的表达式 $I(t_f,f_n)$，从而得到目标的速度信息和距离信息实现目标探测。所提微弱目标检测方法的流程图如图 3. 2 所示。

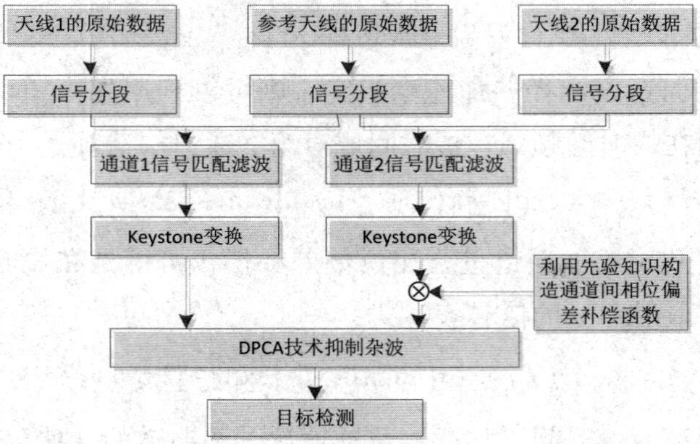

图 3.2　检测方法流程图

3.2.4　存在估计误差下的微弱目标检测方法

从 3.2.3 节的分析可以看出，DPCA 方法通道间相位偏差与直达波的径向速度和径向加速度有关，而直达波的这两个参数组主要由基线方向和飞行方向之间的夹角 α 与初始基线距离 L_0 决定。然而，在实际环境中难以避免地存在测量误差，因此 3.2.3 节提出的利用先验知识构造相位偏差补偿函数的方法无法保证 DPCA 算法的对消性能。本节针对直达波参数存在估计误差的情况，研究机载外辐射源雷达系统下的微弱目标探测方法。

对于机载外辐射源雷达而言，由位置误差带来的初始基线距离的估计误差 ΔL 满足 $\Delta L \ll L_0$，故可以忽略 ΔL 对直达波参数估计的影响。因此，本节主要研究如何消除基线方向与飞行方向之间的夹角的估计误差对 DPCA 算法的影响。该方法在构造相位偏差补偿函数之前，处理流程与 3.2.3 节讨论的方法一致，即先经过信号分段、两通道匹配滤波和 Keystone 变换，之后再利用目标函数对夹角 α 进行估计，并获得最优的补偿函数，最后经过 DPCA 处理完成杂波对消和微弱目标探测。其中，目标函数根据检测信噪比获得，定义如下：

$$r\left(t_f, f_n, \alpha\right) = 10\lg\left[\frac{I^2\left(t_0, f_0, \alpha\right)}{\max\limits_{\rho_t \leqslant |t_f - t_0| \leqslant 5\rho_t,\, \rho_f \leqslant |f_n - f_0| \leqslant 5\rho_f} I^2\left(t_f, f_n, \alpha\right)}\right] \tag{3-26}$$

其中，ρ_t、ρ_f 分别决定在距离时域、慢时间频域的搜索区间的位置。$I\left(t_f, f_n, \alpha\right)$ 满足

$$\begin{aligned} I\left(t_f, f_n, \alpha\right) = \Bigg| \mathrm{FFT}\Bigg\{ \mathrm{IFFT}\Bigg\{ & \sum_p R_{1p}\left(f, t_n\right) - \sum_p R_{2p}\left(f, t_n\right) \\ & \cdot \exp\left[-\mathrm{j}\pi\left(f + f_c\right)\left[\left(v_r \sin\alpha\Delta t\right)^2 - 2L_0 v_r \cos\alpha\Delta t\right] / L_0 c\right] \\ & \cdot \exp\left[-\mathrm{j}2\pi f_c\left(v_r^2 \sin^2\alpha\Delta t / L_0 c\right) t_n\right]\Bigg\}\Bigg\}\Bigg| \end{aligned} \tag{3-27}$$

利用目标函数对补偿函数 $H\left(f, t_n\right)$ 中的参数 α 进行搜索，目标函数最大值所对应的 $\hat{\alpha}$ 为真实参数的估计值，即 $\hat{\alpha} = \arg\max\limits_{\alpha}\left\{r\left(t_f, f_n, \alpha\right)\right\}$。定义 $\hat{\alpha}$ 对应的参数估计值为 $\hat{\psi}_{21}$ 和 $\hat{\psi}_{22}$，那么估计的相位偏差补偿函数可

以表示为

$$H\left(f,t_n\right)=\exp\left[-\mathrm{j}\pi\left(f+f_c\right)\hat{\psi}_{21}\right]\exp\left(-\mathrm{j}2\pi f_c\hat{\psi}_{22}t_n\right) \tag{3-28}$$

综上所述，先验知识不准确情况下的微弱目标检测方法流程图如图 3. 3 所示。

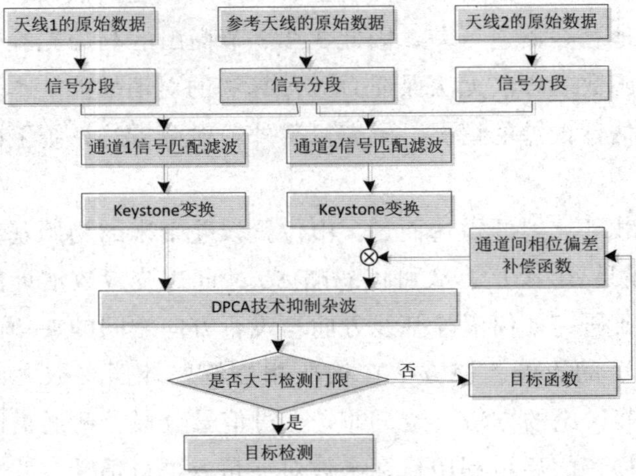

图 3.3　先验知识不准确情况下的检测方法流程图

3.3　仿真实验与分析

本节将对第 3. 2 节所提算法进行仿真验证，仿真中机载外辐射源雷达系统以 DVB-T 信号作为发射源。系统的仿真参数如下：信号频率为 674 MHz，带宽 7. 6 MHz，采样频率 10 MHz，并利用随机信号作为 DVB-T 信号的近似估计[94]。相参积累时间为 0. 5 s，参考信号与回波信号均匀分为 1 000 段，即等效脉冲数为 1 000。发射站高度为 200 m，双基地初始基线距离为 13 km，载机飞行速度 200 m/s，飞行高度为 2 km，两天线沿载机航向的间距为 1 m。仿真场景中设置有 50 个散射点，其中包含 1 个运动目标，49 个杂波，杂噪比（clutter-to-noise ratio，CNR）为 CNR=-40 dB，运动目标的相对径向速度为 184 m/s。

仿真实验一：载机理论飞行方向为垂直基线飞行、偏航角设为 2°且目标的信杂噪比（signal-to-clutter-plus-noise ratio，SCNR）SCNR=-60 dB 的条件下，不同方法的目标检测性能分析。

图 3. 4 给出了不同方法在距离维的目标检测结果，其中图 3. 4(a)、图 3. 4(c) 和图 3. 4(e) 分别为直接利用 DPCA 进行杂波相消、先验值补偿后进行 DPCA 处理和估计值补偿后进行 DPCA 处理的目标检测结果，图 3. 4(b)、图 3. 4(d) 和图 3. 4(f) 分别为在相应的通道相位补偿处理之前进行 Keystone 变换后的目标检测结果。从仿真结果可以看出，除图 3. 4(a) 所示的 DPCA 方法外，其他方法均能检测到目标峰值，说明在长时间积累情况下，直接利用 DPCA 方法导致的杂波剩余和目标能量分散问题恶化了该算法的目标检测性能。此外，分别对比图 3. 4(a) 和图 3. 4(b)、图 3. 4(c) 和图 3. 4(d) 以及图 3. 4(e) 和图 3. 4(f) 可以看出，Keystone 算法可以克服目标距离徙动的现象，目标对应的延时单元不再随积累脉冲数变化，积累增益提高，在图中表现为检测信噪比平台降低了约 4. 5 dB，目标检测能力提高。进一步的，通过对比图 3. 4(b)、图 3. 4(d) 和图 3. 4(f) 可以发现，利用先验值补偿通道间相位偏差的方法的目标检测性能优于直接利用 DPCA 方法的性能，证明了直达波信号的径向速度和径向加速度会造成两通道的相位偏差，进而影响 DPCA 方法的杂波相消性能。同时，利用估计的基线方向与飞行方向夹角来构造通道间相位偏差的方法能获得最优的目标检测性能，证实了所提的利用代价函数搜索的方法能有效解决不准确先验知识导致的杂波剩余问题。

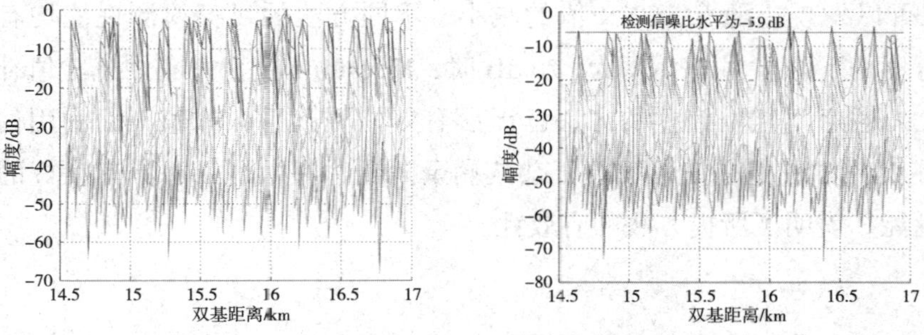

（a）DPCA　　（b）Keystone+DPCA

图 3.4　载机垂直基线飞行且 SCNR=-60 dB 时在距离维的目标检测结果

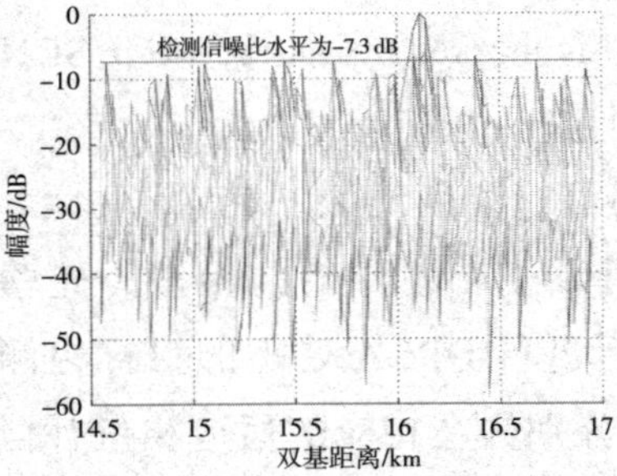

（c）先验值补偿 +DPCA

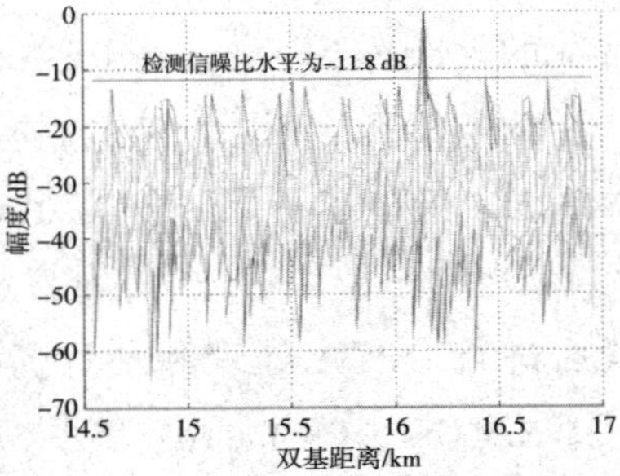

（d）Keystone+ 先验值补偿 +DPCA

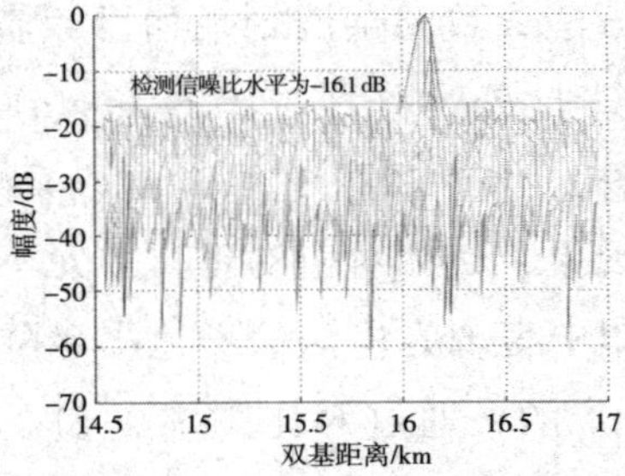

（e）估计值补偿 +DPCA

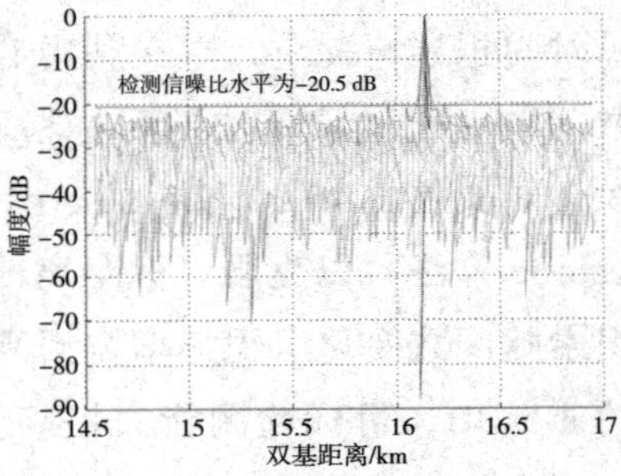

（f）Keystone+ 估计值补偿 +DPCA

图 3.4　载机垂直基线飞行且 SCNR=−60 dB 时在距离维的目标检测结果（续）

仿真实验二：载机理论飞行方向为垂直基线飞行、偏航角设为 2°且 SCNR=-70 dB 的条件下，不同方法的目标检测性能分析。

图 3. 5 给出了不同方法在距离维的目标检测结果。对比图 3. 5 与图 3. 4 可以发现，随着 SCNR 值的减小，不同方法的目标检测性能均有不同程度的下降。当 SCNR 为 -70 dB 时，Keystone 变换并利用先验值补偿 DPCA 通道间相位偏差的方法已无法有效检测到目标峰值，而利用估计值补偿的方法更有效地解决了杂波剩余问题，对微弱目标具有良好的检测性能，表明了所提方法的有效性。

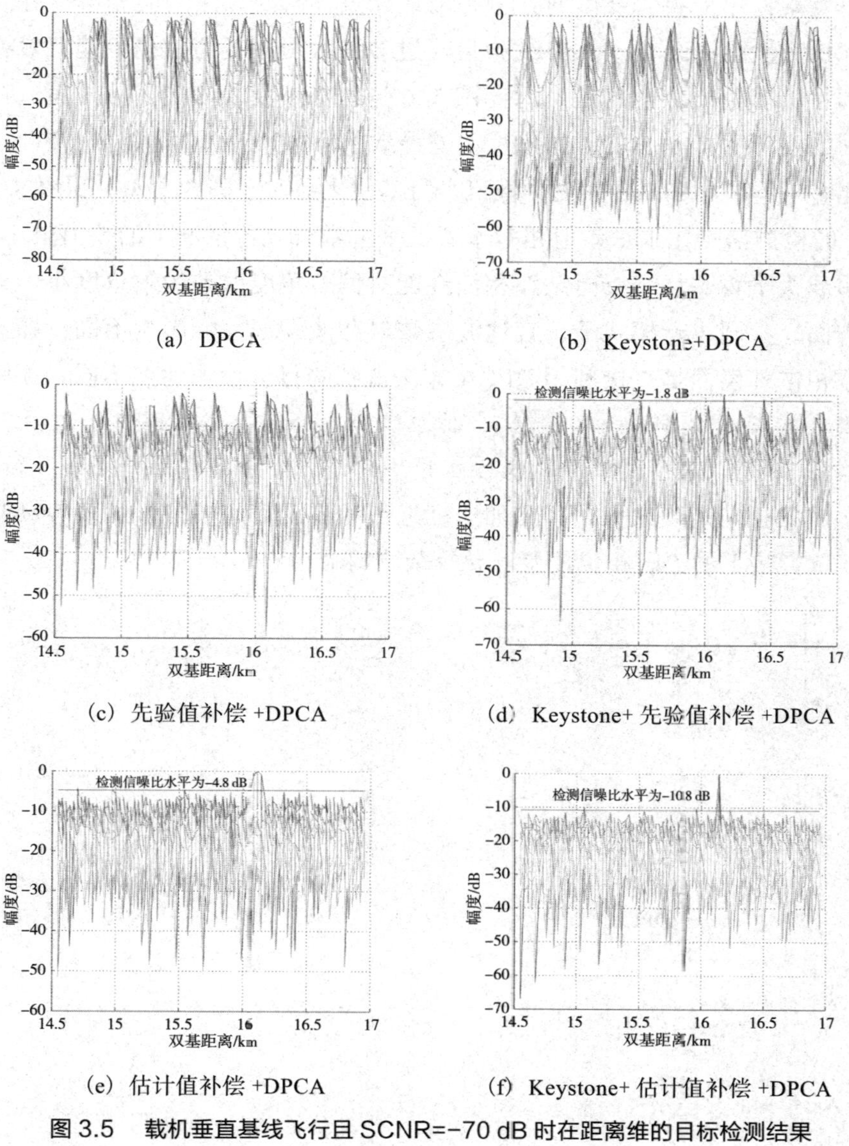

（a） DPCA　　（b） Keystone+DPCA

（c） 先验值补偿 +DPCA　　（d） Keystone+ 先验值补偿 +DPCA

（e） 估计值补偿 +DPCA　　（f） Keystone+ 估计值补偿 +DPCA

图 3.5　载机垂直基线飞行且 SCNR=−70 dB 时在距离维的目标检测结果

仿真实验三：载机理论飞行方向为平行基线飞行、偏航角设为 2°且 SCNR=−60 dB 的条件下，不同方法的目标检测性能分析。

该场景下不同方法在距离维的目标检测结果如图 3. 6 所示。从图中可以发现，用先验值补偿的方法和用估计值补偿的方法均能获得良好的目标检测性能，而 Keystone 变换后经过 DPCA 处理的方法已不能有效检测到目标。值得注意的是，对比图 3. 6 与图 3. 4 可以发现，一方面，在不同的飞行模式下，相同的角度误差导致的不准确先验信息对杂波抑制性能影响不同。在图中表现为载机平行基线飞行时，图 3. 6（d）和图 3. 6（f）的检测信噪比水平差值相对于载机垂直基线飞行情况下的差值较小，说明载机平行基线飞行时杂波相消性能对偏航角度误差的敏感度小。另一方面，不同飞行模式下，直达波参数对杂波抑制性能影响不同，即不考虑相位补偿而是直接利用 DPCA 方法得到的目标检测性能不同。在图中表现为图 3. 6(b) 所示的载机平行基线飞行条件下的 DPCA 方法无法获得图 3. 4(b) 表现的检测信噪比水平。此时，由于载机平行基线飞行，直达波的径向速度最大，径向加速度近似为零，直达波信号的多普勒频率严重影响了通道间相位偏差，导致杂波剩余。

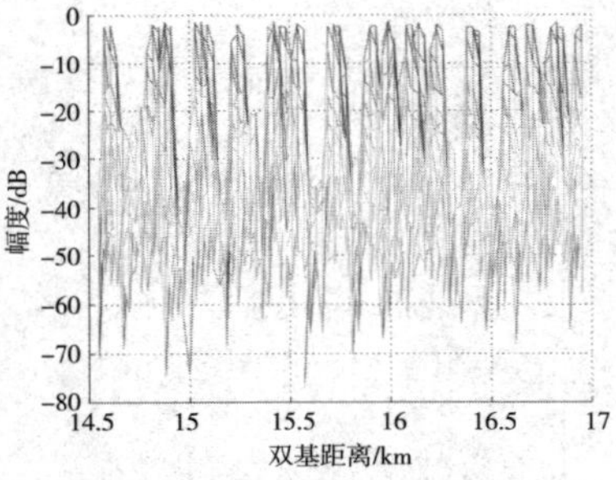

(a) DPCA

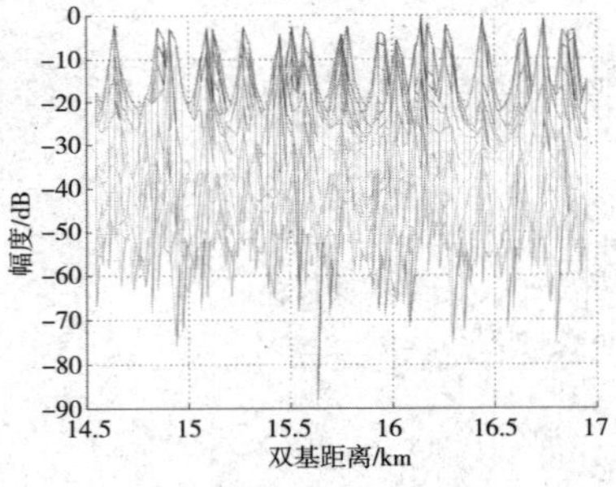

(b) Keystone+DPCA

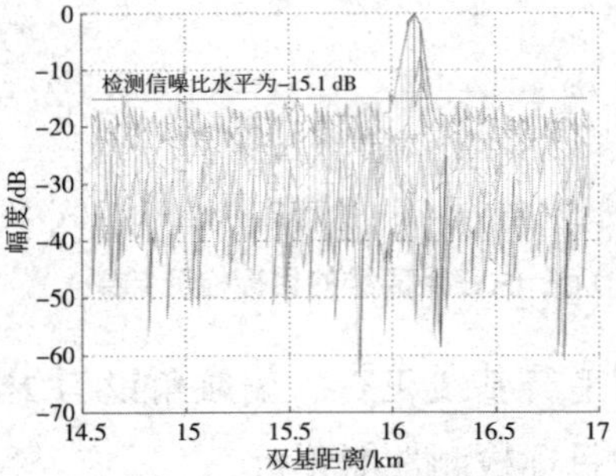

(c) 先验值补偿 +DPCA

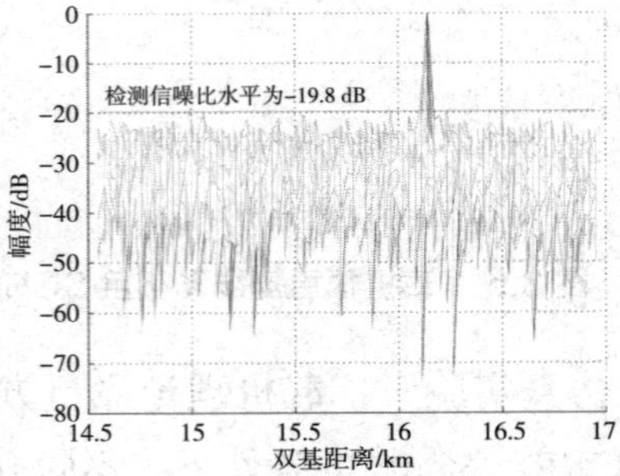

(d) Keystone+ 先验值补偿 +DPCA

图 3.6 载机平行基线飞行且 SCNR=−60dB 时在距离维的目标检测结果

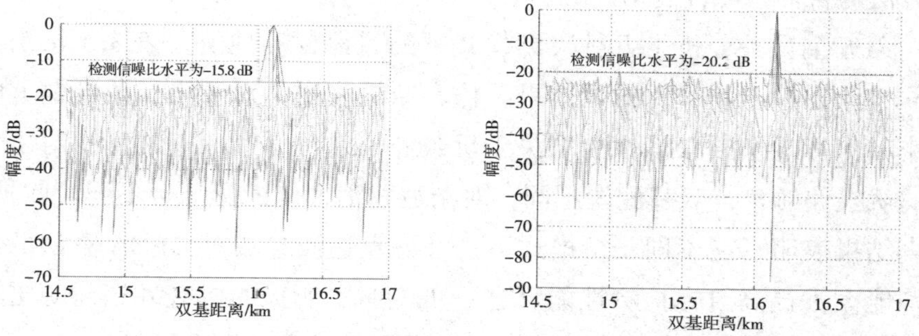

(e) 估计值补偿 +DPCA　　(f) Keystone+ 估计值补偿 +DPCA

图 3.6　载机平行基线飞行且 SCNR=-60dB 时在距离维的目标检测结果（续）

仿真实验四：在载机分别平行基线飞行和垂直基线飞行且 SCNR=-60 dB 的场景中，分析两种飞行模式不同方法的检测性能与载机偏航角度的关系。

为更直观地表现检测性能与载机偏航角度的关系，图 3.7 给出了检测信噪比随偏航角度误差的变化曲线。由图可见，随着角度误差的增大，先验值补偿的方法的目标检测性能下降。同时，与前面的分析一致，载机垂直基线飞行时直接 DPCA 杂波相消能获得较大的检测信噪比，而载机平行基线飞行时杂波剩余严重。此外，估计值补偿的算法在不同的角度误差情况下均能获得较优的目标检测性能，证明了所提算法的有效性。

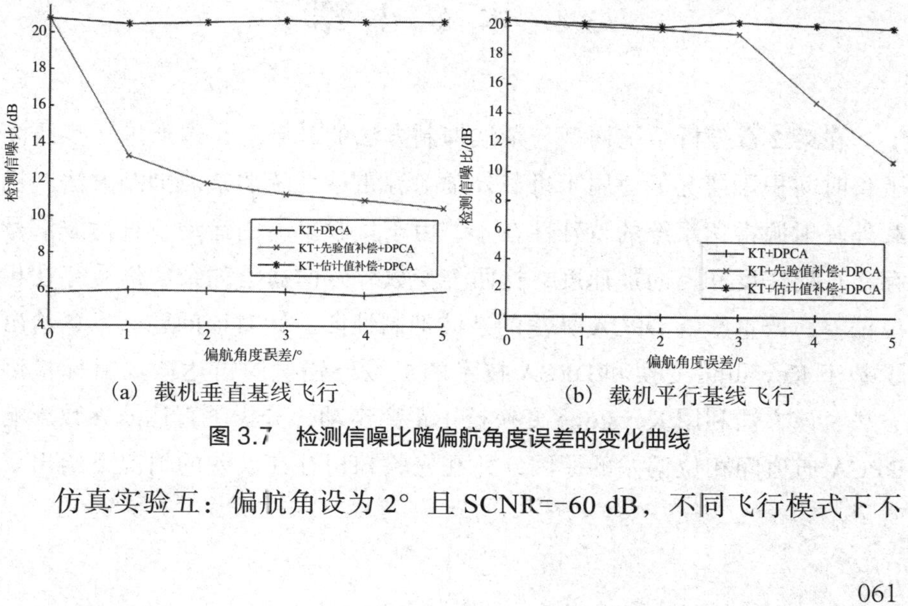

(a) 载机垂直基线飞行　　(b) 载机平行基线飞行

图 3.7　检测信噪比随偏航角度误差的变化曲线

仿真实验五：偏航角设为 2° 且 SCNR=-60 dB，不同飞行模式下不同方法的目标检测性能对比分析。

第五个实验分析了五种飞行模式下的目标检测性能，表3.1给出了不同方法的检测信噪比对比结果。仿真结果表明，对于飞行角度偏差的大小如何影响杂波相消性能取决于机载外辐射源雷达双基构型；对于固定的载机偏航角，双基配置不同，对杂波相消性能的影响也不同。此外，仿真结果表明，在不同飞行模式下，考虑直达波参数对DPCA算法的影响均能大大提高目标检测性能，进一步说明了所提的机载外辐射源雷达微弱目标检测技术能有效解决直达波信号导致的杂波剩余问题。

表3.1　不同飞行模式下不同方法的目标检测信噪比对比结果

飞行方向与基线夹角方法	15°	30°	45°	60°	75°
KT+DPCA	0 dB	0 dB	0 dB	1.8 dB	3.2 dB
KT+先验值补偿+DPCA	16.04 dB	14.55 dB	13.61 dB	12.7 dB	13 dB
KT+估计值补偿+DPCA	20.8 dB	20.6 dB	20.9 dB	20.2 dB	20.4 dB

3.4 本章小结

在第2章分析系统构型与杂波抑制方法的基础上，本章进一步研究了长时间积累情况下适用于机载外辐射源雷达系统的杂波抑制方法。机载外辐射源雷达系统的特殊性在于，由于接收平台的运动，直达波信号存在径向速度和径向加速度，这两个参数导致两通道的杂波信号存在相位偏差，严重影响DPCA算法的杂波抑制性能。针对该问题，本章给出了基于Keystone变换和DPCA技术的机载外辐射源雷达微弱目标检测方法。该方法利用Keystone变换校正距离走动，分析了直达波参数影响DPCA通道间相位偏差的原因，并在先验知识存在误差的情况下给出了相位误差的估计方法，解决了杂波剩余问题和目标能量分散问题。本章对长时间积累情况下对基于 DPCA 技术的不同处理方法进行了一系列仿真实验，结果表明估计值补偿方法能够有效提高目标检测性能。

然而，对于以商业辐射源作为发射站的机载外辐射源雷达系统，其辐射源信号为连续波信号，DPCA 算法和 STAP 算法均需要对信号进行分段，分段后的等效脉冲信号占空比为 1，距离匹配后的信号旁瓣较高。此外，DPCA 方法本身存在对通道误差敏感、对慢速目标检测能力有限等问题，连续波信号的高旁瓣特性又会在一定程度上影响 DPCA 算法的目标检测性能。针对上述问题，第 4 章将开展机载外辐射源雷达系统下基于 STAP 算法的杂波抑制技术的研究。

第 4 章　干扰旁瓣与杂波的级联相消算法研究

第 2 章介绍了机载外辐射源雷达系统下 STAP 方法的信号处理流程，分析了机载外辐射源雷达系统的杂波特性，并得到了传统 STAP 技术可应用于该系统实现杂波相消和目标探测等结论。同时，分析结果表明机载雷达系统中提出的降维 STAP、降秩 STAP 等方法同样适用于机载外辐射源雷达系统来解决训练样本数不足的问题。然而，已有的改进 STAP 技术能够较优地实现杂波对消的基本条件如下：在匹配滤波后，信号的模糊函数旁瓣对 STAP 性能的影响可以忽略不计，表现为第 2 章的式（2-18）中，当 $\tau \neq 0$ 时，可近似地使 $r_m(\tau)=0$。但机载外辐射源雷达系统中的商业辐射源通常发射连续波信号，该信号的模糊函数旁瓣较高，往往无法忽略强干扰信号旁瓣的影响。

由于连续波信号的模糊函数具有较高的旁瓣，回波通道中的强干扰信号（直达波信号和近距离门的强杂波信号）与参考信号匹配后，强干扰信号的旁瓣会影响远距离门的空时快拍信号。直接利用 STAP 方法可以同时抑制杂波信号和强杂波旁瓣，但会严重影响杂波对消性能和目标检测能力，具体表现在以下两方面：①由于强杂波旁瓣快拍信号的存在，STAP 抑制杂波信号和旁瓣信号需要更多的自由度，大大限制了 STAP 算法的主瓣杂波抑制性能；②强杂波旁瓣信号的存在使待检测距离门的杂波功率谱的基底抬高，目标落入强杂波旁瓣区域时，STAP 在抑制这些旁瓣信号的同时也会把目标消除，使目标检测性能下降。

为了解决上述问题，可以利用级联干扰相消方法来实现该机载外辐射源雷达的杂波抑制。也就是说，在 STAP 抑制杂波信号之前自适应地抑制强杂波旁瓣，从而消除其对 STAP 方法的影响。强干扰旁瓣的消除可以从两方面实现，其一是利用传统的时域自适应相消方法抑制强干扰信号 [134-137]，其核心是在消除强干扰的同时，这些强干扰的旁瓣也相应得到抑制。其二是本书提出的空时二维旁瓣相消方法，该算法分析了强干扰旁瓣快拍信号的二维分布特性，并以输出功率最小为准则构造代价函数，利用 LMS 算法估计相消权矢量，实现旁瓣信号的抑制。该方法避免了高维矩阵求逆过程，可以较大程度地减少算法运算量。同时，该方法以先验知识为基础，扩展字典矩阵维度，可以有效克服杂波内部运动等导致的旁瓣信号估计不准确的问题。在此基础上，考虑实际环境中难以避免地存在通道幅相误差，从而影响所提方法对强干扰旁瓣的稀疏恢复性能。本书建立了幅相误差下的杂波信号模型，提出了一种基于强干扰旁瓣和幅相误差联合估计的级联相消方法，既保证了强干扰旁瓣相消性能，又克服了运算量大的问题。

本章内容安排如下：4.1 节建立了含有强杂波旁瓣的快拍信号的数学模型；4.2 节介绍了已有的基于时域自适应干扰抑制算法的级联相消方法，并提出了一种基于空时强干扰旁瓣抑制算法的级联相消方法，最后通过仿真说明所提级联相消方法既保证了强干扰旁瓣的恢复性能，又大大减少了算法运算量；4.3 节首先建立了含有通道误差下的机载外辐射源雷达系统信号模型，然后给出了基于旁瓣信号和通道误差联合迭代（joint iterative, JI）估计的级联相消方法，并对所提的改进级联相消方法进行了验证；4.4 节对本章的主要内容进行总结，并得到了相关结论。

4.1 机载外辐射源雷达的信号模型

图 4.1 给出了机载外辐射源雷达系统的几何构型，其中，T 表示商业照射源，接收站 R 以速度 v_R 平行地面匀速飞行。参考波束指向发射站接收直达波信号，N 阵元接收回波信号，阵元间距为 d。参考信号和回波信号分段后等效为相参积累时间内均接收 M 个脉冲信号，脉冲重复周期为 T_r，发射信号波长为 λ，采样频率为 f_s，单个脉冲信号的数据长度为 $L = f_s T_r$。

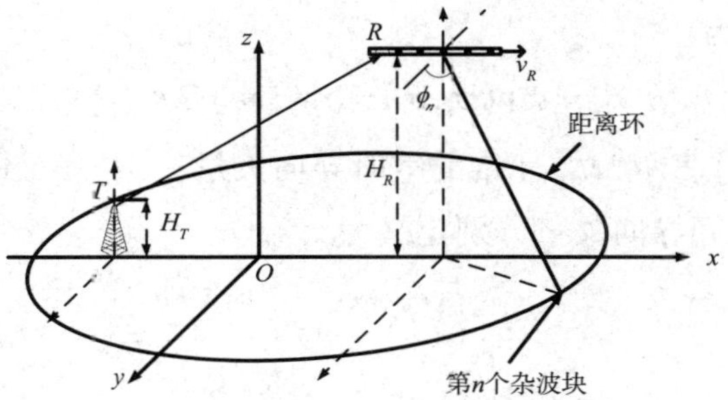

图 4.1　机载外辐射源雷达系统的几何构型图

假设 ϕ_i 表示第 i 个杂波散射点入射方向与阵列天线法线方向的夹角，并假设该散射点相对于直达波信号的时延为 τ_i（匹配后位于第 $l_i = f_s\tau_i$ 个距离门），那么考虑信号模糊函数旁瓣的影响，匹配滤波后，该散射点的回波信号在第 m 个脉冲、第 n 个阵元、第 l 个距离门的输出可以表示为

$$x_{nmi,l_1} = \alpha_i \mathrm{e}^{\mathrm{j}2\pi n\vartheta_i} \mathrm{e}^{\mathrm{j}2\pi m\varpi_i} r_{m,(l-l_i)} \tag{4-1}$$

其中，α_i 为信号幅度；该散射点回波信号相对直达波的多普勒频率 $\varpi_i = (f_i - f_d)T_r$ 且 $f_i = (v_R/\lambda)\sin\phi_i$，$f_d$ 为直达波多普勒频率；该散射点的空间频率 $\vartheta_i = (d/\lambda)\sin\phi_i$；信号模糊函数 $r_{m,(l-l_i)} = \int_0^{T_r} u_m(\eta) u_m^*\big(\eta - (l-l_i)\big)\mathrm{d}\eta$，可通过直达波信号自相关得到。

本书定义强杂波信号为其旁瓣信号功率大于噪声功率的散射点回波信号，反之则为弱杂波信号。那么，对于强杂波散射点，其匹配滤波后的匹配输出可分为以下两部分。第一部分定义为在距离门 l_i（l=l_i）处的主瓣响应，此时，$r_{m,0} = 1$ 且有

$$x_{nmi,l} = \alpha_i \mathrm{e}^{\mathrm{j}2\pi n\vartheta_i} \mathrm{e}^{\mathrm{j}2\pi m\varpi_i} \tag{4-2}$$

第二部分定义为在距离门 l（$l \neq l_i$）处的旁瓣响应，此时

$$x_{nmi,l} = \alpha_i \mathrm{e}^{\mathrm{j}2\pi n\vartheta_i} \mathrm{e}^{\mathrm{j}2\pi m\varpi_i} r_{m,(l-l_i)} \tag{4-3}$$

而对于弱杂波散射点而言，匹配输出的旁瓣响应可忽略不计。为便于分析，假设该散射点为强杂波散射点。进一步的，对 N 个阵元的 M 个脉冲信号均进行匹配滤波后，能得到该杂波散射点在距离门 l_i 处的主瓣

空时快拍信号为

$$\boldsymbol{x}_{i,l}=\alpha_i\boldsymbol{v}(\varpi_i,\vartheta_i)=\alpha_i\boldsymbol{v}_t(\varpi_i)\otimes\boldsymbol{v}_s(\vartheta_i) \tag{4-4}$$

其中，$\boldsymbol{v}(\varpi_i,\vartheta_i)$表示$MN\times1$维的空时导向矢量；$M\times1$维的时间导向矢量和$N\times1$维的空间导向矢量分别定义为

$$\boldsymbol{v}_t(\varpi)=\left[1,\mathrm{e}^{\mathrm{j}2\pi\varpi},\cdots,\mathrm{e}^{\mathrm{j}2\pi(M-1)\varpi}\right]^{\mathrm{T}} \tag{4-5}$$

$$\boldsymbol{v}_s(\vartheta)=\left[1,\mathrm{e}^{\mathrm{j}2\pi\vartheta},\cdots,\mathrm{e}^{\mathrm{j}2\pi(N-1)\vartheta}\right]^{\mathrm{T}} \tag{4-6}$$

对应的，该杂波散射点回波对应的在距离门l（$l\neq l_i$）处的旁瓣快拍信号为

$$\begin{aligned}\boldsymbol{x}_{i,l}&=\alpha_i\left(r_{l-l_i}\odot\boldsymbol{v}_t(\varpi_i)\right)\otimes\boldsymbol{v}_s(\vartheta_i)\\&=\alpha_i\left(r_{l-l_i}\otimes\mathbf{1}_{N\times1}\right)\odot\left(\boldsymbol{v}_t(\varpi_i)\otimes\boldsymbol{v}_s(\vartheta_i)\right)\end{aligned} \tag{4-7}$$

其中，$\odot$表示 Hadamard 积；$\boldsymbol{r}_{l-l_i}$为$M\times1$维相关函数系数矢量，该矢量中的第m个元素即$r_{m,(l-l_i)}$；$\mathbf{1}_{N\times1}$表示元素全为 1 的$N\times1$维矢量。

从上面的分析可以看出，匹配后对应单个强杂波散射点的空时快拍信号分为两部分，分别为主瓣快拍信号和旁瓣快拍信号。而机载外辐射源雷达系统下的回波通道中通常含有直达波、近距离强杂波以及远距离环的杂波信号[94]，假设参考信号纯净，那么回波信号与直达波信号匹配滤波后，距离门l的样本快拍信号包含直达波旁瓣快拍信号、强杂波旁瓣快拍信号以及位于该距离门的杂波主瓣快拍信号（以下简称“杂波快拍信号”）。不考虑距离模糊，杂波空时快拍信号可以表示为

$$\boldsymbol{x}_c=\sum_{i=1}^{N_c}\alpha_i\boldsymbol{v}(\varpi_i,\vartheta_i)=\sum_{i=1}^{N_c}\alpha_i\boldsymbol{v}_{\mathrm{t}}(\varpi_i)\otimes\boldsymbol{v}_{\mathrm{s}}(\vartheta_i) \tag{4-8}$$

其中，N_c表示距离环内杂波块个数。

回波通道中的直达波信号与参考信号（假设参考信号纯净）进行距离匹配后，在第$l=0$的距离门上直达波主瓣快拍信号为

$$\boldsymbol{x}_0=\alpha_d\boldsymbol{v}_t(\varpi_d)\otimes\boldsymbol{v}_s(\vartheta_d) \tag{4-9}$$

其中，α_d、ϖ_d和ϑ_d分别为直达波快拍信号的幅度、相对的多普勒频率和空间频率。由于回波中的直达波与用来匹配滤波的直达波有相同

的多普勒频率，因此匹配后直达波主瓣快拍信号的相对多普勒频率为 $\varpi_d=(f_d-f_d)T_r=0$。上式可以重写为

$$\boldsymbol{x}_0=\alpha_d\mathbf{1}_{M\times1}\otimes\boldsymbol{v}_s(\vartheta_d) \tag{4-10}$$

对应的，直达波在距离门 l 处的旁瓣快拍信号可以表示为

$$\boldsymbol{x}_{0,l}=\alpha_d\left(r_{0,l}\otimes\boldsymbol{v}_s(\vartheta_d)\right) \tag{4-11}$$

假设共有 N_q 个距离单元含有强杂波且位于第 q 个近距离单元 l_q 的强散射点数目为 $N_c(q)$，那么 $N_c(q)$ 个强杂波散射点回波信号在距离单元 l 的旁瓣快拍信号可以表示为

$$\boldsymbol{x}_{q,l}=\sum_{i=1}^{N_c(q)}\alpha_{q,i}\left(r_{q,l}\otimes\mathbf{1}_{N\times1}\right)\odot v\left(\varpi_{q,i},\vartheta_{q,i}\right)=\sum_{i=1}^{N_c(q)}\alpha_{q,i}\boldsymbol{v}_{q,l}\left(\varpi_{q,i},\vartheta_{q,i}\right) \tag{4-12}$$

其中，$\alpha_{q,i}$、$\varpi_{q,i}$ 和 $\vartheta_{q,i}$ 分别为第 q 个近距离单元的第 i 个散射点回波信号的幅度、相对的多普勒频率和空间频率；$\boldsymbol{v}_{q,l}\left(\varpi_{q,i},\vartheta_{q,i}\right)$ 表示修正的空时导向矢量。

因此，N_q 个近距离单元的所有强杂波散射点反射回波在距离门 l 处的旁瓣快拍信号为

$$\sum_{q=1}^{N_q}\boldsymbol{x}_{q,l}=\sum_{q=1}^{N_q}\sum_{i=1}^{N_c(q)}\alpha_{q,i}\boldsymbol{v}_{q,l}\left(\varpi_{q,i},\vartheta_{q,i}\right) \tag{4-13}$$

训练样本快拍信号可以表示为

$$\boldsymbol{x}_u=\boldsymbol{x}_c+\boldsymbol{x}_{0,l}+\sum_{q=1}^{N_q}\boldsymbol{x}_{q,l}+\boldsymbol{x}_n \tag{4-14}$$

其中，$\boldsymbol{x}_n$ 表示高斯白噪声信号。通常假设上式中的四项的响应幅度是统计独立不相关的[94]，因此，协方差矩阵可以表示为

$$\boldsymbol{R}_v=\mathrm{E}\left\{\boldsymbol{x}_u\boldsymbol{x}_u^{\mathrm{H}}\right\}=\boldsymbol{R}_c+\boldsymbol{R}_{0,l}+\sum_{q=1}^{N_q}\boldsymbol{R}_{q,l}+\boldsymbol{R}_n \tag{4-15}$$

其中，杂波协方差矩阵 $\boldsymbol{R}_c=\mathrm{E}\left[\boldsymbol{x}_c\boldsymbol{x}_c^{\mathrm{H}}\right]$；直达波旁瓣协方差矩阵 $\boldsymbol{R}_{0,l}=\mathrm{E}\left[\boldsymbol{x}_{0,l}\boldsymbol{x}_{0,l}^{\mathrm{H}}\right]$；第 q 个近距离单元的强杂波旁瓣协方差矩阵 $\boldsymbol{R}_{q,l}=\mathrm{E}\left[\boldsymbol{x}_{q,l}\boldsymbol{x}_{q,l}^{\mathrm{H}}\right]$，后面简称为第 q 个强杂波旁瓣协方差矩阵；噪声协方差矩阵为 $\boldsymbol{R}_n=\mathrm{E}\left[\boldsymbol{x}_n\boldsymbol{x}_n^{\mathrm{H}}\right]$。以输出功率最小为准则并应用拉格朗日数乘法

可得 STAP 权矢量：

$$\boldsymbol{w}_{\text{STAP}}=\frac{R_u^{-1}\boldsymbol{v}\left(\varpi_t,\vartheta_t\right)}{\boldsymbol{v}^{\text{H}}\left(\varpi_t,\vartheta_t\right)R_u^{-1}\boldsymbol{v}\left(\varpi_t,\vartheta_t\right)} \tag{4-16}$$

其中，$\boldsymbol{v}\left(\varpi_t,\vartheta_t\right)$ 为目标空时导向矢量。

实际上，协方差矩阵的计算通常利用待检测距离门附近的训练快拍数据求均值得到，最优 STAP 技术需要足够的符合条件的快拍数据才能保证杂波对消性能。为减少计算量与所需的样本数，本章利用降维的 STAP 方法实现杂波抑制，其权矢量表示如下：

$$\boldsymbol{w}_{\text{RD-STAP}}=\frac{R_u^{-1}\boldsymbol{v}\left(\varpi_t,\vartheta_t\right)}{\boldsymbol{v}^{\text{H}}\left(\varpi_t,\vartheta_t\right)R_u^{-1}\boldsymbol{v}\left(\varpi_t,\vartheta_t\right)} \tag{4-17}$$

其中，$R_u=\boldsymbol{T}_{\text{RD}}^{\text{H}}R_u\boldsymbol{T}_{\text{RD}}$，$\boldsymbol{T}_{\text{RD}}$ 为降维矩阵；$\boldsymbol{v}\left(\varpi_t,\vartheta_t\right)=\boldsymbol{T}_{\text{RD}}^{\text{H}}\boldsymbol{v}\left(\varpi_t,\vartheta_t\right)$。

从以上分析可以发现，不同于有源机载单基地雷达的情况，机载外辐射源雷达系统利用连续波信号作为发射信号，其高旁瓣特性导致强干扰旁瓣对 STAP 性能的影响不能忽略不计。强干扰旁瓣严重恶化了待检测单元及其附近单元的背景杂波，STAP 同时消除强干扰旁瓣信号和杂波主瓣信号会导致 STAP 杂波对消和目标检测能力下降。因此，需要在 STAP 方法之前对强干扰旁瓣进行抑制，从而消除其对 STAP 方法的影响。

4.2 强干扰旁瓣与杂波的级联相消算法

本节首先介绍了基于时域自适应抑制算法的级联相消方法，该方法在匹配滤波之前对强干扰信号进行时域相消处理，匹配后相应的旁瓣快拍信号也将得到抑制。其次提出了基于空时旁瓣抑制算法的级联相消方法，该方法在匹配滤波后利用旁瓣快拍信息，构造估计旁瓣信号的代价函数实现对其的消除。为了公平对比两种级联方法的强干扰旁瓣相消性能，两种方法在强干扰旁瓣相消后均利用降维 STAP 处理来抑制杂波主瓣信号。最后本节通过仿真实验对比分析了两种方法的强干扰旁瓣对消性能、目标检测能力和算法计算复杂度。

4.2.1　基于时域自适应抑制算法的级联相消方法

为自适应地滤除回波通道中的直达波信号和强杂波信号，消除其对 STAP 方法的影响，基于时域自适应抑制算法的级联相消方法具体分以下两步。

第一步，在匹配滤波前对每个阵元接收的回波信号做时域强干扰对消处理。

因最小二乘算法（least square，LS）克服了循环迭代制约硬件响应速度的问题，本节将详细介绍机载外辐射源雷达系统下基于 LS 的强干扰抑制方法。首先，令 s_{ref} 表示接收到的参考信号，信号长度为 ML，定义距离相消阶数为 Q，那么，由参考信号及其 Q 个时延构成的 $ML\times Q$ 维参考时延矩阵可以表示为

$$\boldsymbol{S}_{\tau}=\begin{bmatrix} s_{\mathrm{ref}}(1) & s_{\mathrm{ref}}(0) & \cdots & s_{\mathrm{ref}}(-Q+2) \\ s_{\mathrm{ref}}(2) & s_{\mathrm{ref}}(1) & \cdots & s_{\mathrm{ref}}(-Q+3) \\ \vdots & \vdots & & \vdots \\ s_{\mathrm{ref}}(ML) & s_{\mathrm{ref}}(ML-1) & \cdots & s_{\mathrm{ref}}(ML-Q+1) \end{bmatrix} \tag{4-18}$$

由于机载外辐射源雷达系统中接收站的运动，直达波信号和强杂波信号均存在多普勒频率，因此为实现强干扰信号的相消，需在参考时延矩阵的基础上加入多普勒调制。令多普勒相消阶数为 P，对应的多普勒频率为 f_i，$i=1$，…，P，$ML\times P$ 维多普勒调制矩阵为

$$\boldsymbol{S}_{\mathrm{d}}=\begin{bmatrix} \exp\left(\mathrm{j}2\pi f_1/f_s\right) & \exp\left(\mathrm{j}2\pi f_2/f_s\right) & \cdots & \exp\left(\mathrm{j}2\pi f_P/f_s\right) \\ \exp\left(\mathrm{j}2\pi 2 f_1/f_s\right) & \exp\left(\mathrm{j}2\pi 2 f_2/f_s\right) & \cdots & \exp\left(\mathrm{j}2\pi 2 f_P/f_s\right) \\ \vdots & \vdots & & \vdots \\ \exp\left(\mathrm{j}2\pi ML f_1/f_s\right) & \exp\left(\mathrm{j}2\pi ML f_2/f_s\right) & \cdots & \exp\left(\mathrm{j}2\pi ML f_P/f_s\right) \end{bmatrix} \tag{4-19}$$

那么，$ML\times PQ$维的参考时延多普勒矩阵可以表示为

$$\boldsymbol{S}_{\mathrm{LS}}=\left(\boldsymbol{S}_{\mathrm{d}}\otimes\boldsymbol{1}_{1\times Q}\right)\odot\boldsymbol{S}_{\tau} \tag{4-20}$$

假设$\boldsymbol{\chi}_i$表示第i个回波通道的信号，以输出功率最小为准则构造如下的最优化问题：

$$\hat{\boldsymbol{w}}_{\mathrm{LS},i}=\arg\min_{\boldsymbol{w}_{\mathrm{LS},i}}\left\|\boldsymbol{\chi}_i-\boldsymbol{S}_{\mathrm{LS}}\boldsymbol{w}_{\mathrm{LS},i}\right\|^2 \tag{4-21}$$

式（4-21）为二次凸优化问题。令目标函数的梯度为零，则第i个阵元的强干扰相消权矢量为

$$\hat{\boldsymbol{w}}_{\mathrm{LS},i}=\left(\boldsymbol{S}_{\mathrm{LS}}^{\mathrm{H}}\boldsymbol{S}_{\mathrm{LS}}\right)^{-1}\boldsymbol{S}_{\mathrm{LS}}^{\mathrm{H}}\boldsymbol{\chi}_i \tag{4-22}$$

强干扰抑制后，第i个阵元的剩余回波信号可以表示为

$$\boldsymbol{\chi}_{\mathrm{rem},i}=\boldsymbol{\chi}_i-\boldsymbol{S}_{\mathrm{LS}}\hat{\boldsymbol{w}}_{\mathrm{LS},i}=\boldsymbol{\chi}_i-\boldsymbol{S}_{\mathrm{LS}}\left(\boldsymbol{S}_{\mathrm{LS}}^{\mathrm{H}}\boldsymbol{S}_{\mathrm{LS}}\right)^{-1}\boldsymbol{S}_{\mathrm{LS}}^{\mathrm{H}}\boldsymbol{\chi}_i \tag{4-23}$$

在时域自适应相消处理之前，回波通道中的回波信号包括直达波、近距离强杂波和远距离杂波信号。对每个阵元的接收回波信号均进行上述处理，阵元中的直达波信号和近距离强杂波信号得到抑制，从而消除了此类强干扰信号旁瓣对 STAP 方法的影响。

第二步，利用降维 STAP 技术实现杂波对消和目标检测。

对抑制后的剩余回波信号$\boldsymbol{\chi}_{\mathrm{rem},i}$，$i=1$，…，$N$和参考信号进行分段、匹配滤波，空时快拍信号不再含有强干扰信号的旁瓣，即

$$\boldsymbol{x}_u'=\boldsymbol{x}_c+\boldsymbol{x}_n \tag{4-24}$$

此时，协方差矩阵$\boldsymbol{R}_u=\mathrm{E}\left\{\boldsymbol{x}_u'\boldsymbol{x}_u'^{\mathrm{H}}\right\}=\boldsymbol{R}_c+\boldsymbol{R}_n$，利用式（4-17）计算的降维 STAP 权矢量则可实现杂波抑制。

基于时域自适应抑制算法的级联相消方法的流程图如图 4.2 所示。

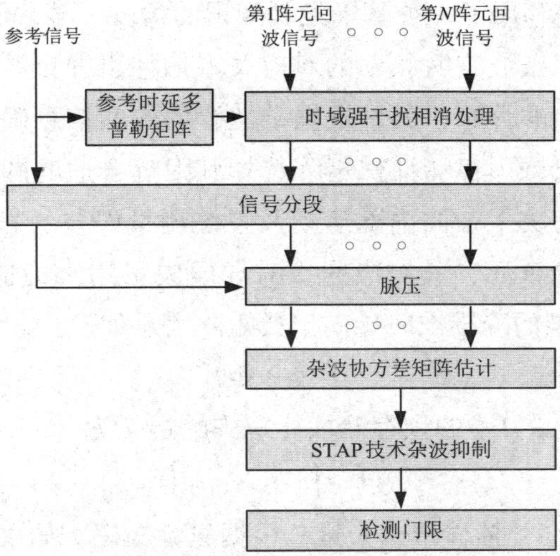

图 4.2　基于时域自适应抑制算法的级联相消方法流程图

4.2.2　基于空时旁瓣抑制算法的级联相消方法

本节从空时快拍信号模型的角度详细推导了空时旁瓣抑制算法，并提出了基于该算法的级联相消方法。在此之前，重写第 q 个近距离单元的强杂波旁瓣快拍信号：

$$\boldsymbol{x}_{q,l} = \sum_{i=1}^{N_c(q)} \alpha_{q,i}\left(r_{q,l} \otimes \mathbf{1}_{N\times 1}\right) \odot v\left(\varpi_{q,i}, \vartheta_{q,i}\right) \tag{4-25}$$

从式（4-25）可以看出，强杂波旁瓣快拍信号是空间频率和多普勒频率的函数。为得到旁瓣信号的观测模型，将整个角度 - 多普勒平面划分成 $N_s \times N_t$ 个网格单元，其中，$N_s = \rho_s N$ 和 $N_t = \rho_t M$ $\left(\rho_s, \rho_t > 1\right)$，分别表示空间维和时间维采样单元数[138-146]。每个单元对应一个空时导向矢量，所有单元对应的 $MN \times N_t N_s$ 维导向字典矩阵可以表示为

$$\boldsymbol{\Phi} = \left[v\left(\varpi_1, \vartheta_1\right), \cdots, v\left(\varpi_1, \vartheta_{N_s}\right), \cdots, v\left(\varpi_{N_t}, \vartheta_{N_s}\right)\right] \tag{4-26}$$

一方面，为了更准确地估计强干扰旁瓣信号，要求划分的网格单元足够大；另一方面，网格数越多，估计的权矢量维度越大且所需的运算复杂度越高。因此，为减少计算量的同时准确估计旁瓣快拍信号，本节

所提的抑制算法利用了一种基于先验知识的角度–多普勒单元选择方法。该方法首先利用杂波空时频率的对应关系估计出静止散射点回波的快拍信号在空时平面的分布，其次根据杂波脊的先验信息确定划分后对应的网格单元，并根据预存储抽样矩阵选择其附近合适的网格单元来扩大范围，从而有效解决了杂波内部运动及系统测量误差的影响。假设选取 P 个角度–多普勒单元，其对应的空时导向矢量用来构造空时导向字典，那么，$MN\times P$ 维的降维空时导向字典矩阵表示如下：

$$\tilde{\boldsymbol{\Phi}}=\boldsymbol{\Phi}\tilde{\boldsymbol{T}} \tag{4-27}$$

其中，$\tilde{\boldsymbol{T}}$ 为 $N_tN_s\times P$ 维的预存储抽样矩阵，定义为

$$\tilde{\boldsymbol{T}}=\left[\boldsymbol{t}_1,\boldsymbol{t}_2,\cdots,\boldsymbol{t}_P\right] \tag{4-28}$$

其中，$\boldsymbol{t}_i$ 表示第 i 个抽样单元矢量。根据先验知识，如果空时导向字典矩阵 $\boldsymbol{\Phi}$ 中的第 i 列为可能的导向矢量，那么，$\boldsymbol{t}_i$ 可以表示为

$$\boldsymbol{t}_i=[\underbrace{0,\cdots,0}_{i-1},1,\underbrace{0,\cdots,0}_{N_tN_s-i}]^{\mathrm{T}} \tag{4-29}$$

基于式（4-27）表示的降维导向字典矩阵，第 q 个近距离单元的强杂波旁瓣快拍信号表示为

$$\boldsymbol{x}_{q,l}=\boldsymbol{S}_{q,l}\boldsymbol{w}_q=\left[\left(r_{q,l}\otimes 1_{N\times P}\right)\odot\tilde{\boldsymbol{\Phi}}\right]\boldsymbol{w}_q \tag{4-30}$$

其中，对应第 q 个近距离单元的权矢量 $\boldsymbol{w}_q=\left[w_{(q-1)P+1},w_{(q-1)P+2},\cdots,w_{qP}\right]^{\mathrm{T}}$；$M\times N\times P$ 维的修正字典矩阵 $\boldsymbol{S}_{q,l}=\left[\boldsymbol{s}_{(q-1)P+1,l},\boldsymbol{s}_{(q-1)P+2,l},\cdots,\boldsymbol{s}_{qP,l}\right]$。

对应的，直达波旁瓣快拍信号可以表示为

$$\boldsymbol{x}_{0,l}=\boldsymbol{S}_{0,l}\boldsymbol{w}_0=\left[\left(r_{0,l}\otimes\boldsymbol{V}_s\right)\right]\boldsymbol{w}_0 \tag{4-31}$$

其中，$\boldsymbol{V}_s=\left[v_s\left(\vartheta_1\right),v_s\left(\vartheta_2\right),\cdots v_s\left(\vartheta_{N_s}\right)\right]$。

直达波和所有近距离强杂波的旁瓣快拍信号观测模型可以表示为

$$\sum_{q=0}^{N_q}\boldsymbol{x}_{q,l}=\sum_{q=0}^{Q}\boldsymbol{S}_{q,l}\boldsymbol{w}_q=\boldsymbol{S}_l\boldsymbol{w} \tag{4-32}$$

其中，Q 表示相消距离阶数，其值通常大于最大的强杂波距离序号；修正字典矩阵 $\boldsymbol{S}_l=\left[\boldsymbol{S}_{0,l},\boldsymbol{S}_{1,l},\cdots,\boldsymbol{S}_{Q,l}\right]$；权矢量 $\boldsymbol{w}=\left[\boldsymbol{w}_0^{\mathrm{T}},\boldsymbol{w}_1^{\mathrm{T}},\cdots,\boldsymbol{w}_Q^{\mathrm{T}}\right]^{\mathrm{T}}$。

基于上述推导的观测模型，旁瓣信号的抑制问题就转化为观测模型中权矢量的求取问题。在介绍权矢量的求取算法之前，首先分析单个距离单元的旁瓣快拍信号在修正字典表示的角度 - 多普勒二维平面的稀疏特性。通过分析可以得到如下结论：假设空时维均处于理想条件下，第 q 个距离单元对应的旁瓣快拍信号的协方差矩阵的秩可以近似表示为

$$\operatorname{rank}\left(R_{q,l}\right)=N_{q,r}\leqslant\left\lfloor N+\beta\left(M-1\right)\right\rfloor \tag{4-33}$$

其中，$\lfloor a\rfloor$ 表示取小于 a 的最大整数。

接下来对上述结论做简单证明。

第 q 个距离单元对应的旁瓣快拍信号的协方差矩阵可以表示为

$$R_{q,l}=\boldsymbol{V}_{q,l}\Xi_{q}\boldsymbol{V}_{q,l}^{\mathrm{H}} \tag{4-34}$$

其中，Ξ_q 表示对角矩阵，其对角元素对应每个杂波散射点回波信号功率；$\boldsymbol{V}_{q,l}$ 表示 $MN\times N_c(q)$ 维的修正导向矩阵，矩阵每列表示位于第 q 个近距离环上的 $N_c(q)$ 个杂波块对应的修正导向矢量。Ξ_q 通常为正定矩阵[138]，则有

$$N_{q,r}=\operatorname{rank}\left(R_{q,l}\right)=\operatorname{rank}\left(\boldsymbol{V}_{q,l}\right) \tag{4-35}$$

此时，协方差矩阵秩的求取只需要考虑修正导向矩阵 $\boldsymbol{V}_{q,l}$。

修正导向矩阵 $\boldsymbol{V}_{q,l}$ 中的第 i 列 $\boldsymbol{v}_{q,l}\left(\varpi_{q,i},\vartheta_{q,i}\right)$，即第 i 个修正导向矢量可以表示为

$$\boldsymbol{v}_{q,l}\left(\varpi_{q,i},\vartheta_{q,i}\right)=\left(r_{q,l}\otimes\mathbf{1}_{N\times1}\right)\odot v\left(\varpi_{q,i},\vartheta_{q,i}\right)=\boldsymbol{A}_{q,l}v\left(\varpi_{q,i},\vartheta_{q,i}\right) \tag{4-36}$$

其中，$\boldsymbol{A}_{q,l}=\operatorname{diag}\left(r_{q,l}\otimes1_{N\times1}\right)$，$\operatorname{diag}(\cdot)$ 表示对角矩阵。显然，$\operatorname{rank}\left(\boldsymbol{A}_{q,l}\right)\leqslant MN$，当且仅当向量 $\boldsymbol{r}_{q,l}$ 不含零元素时取等号。

定义导向矩阵 $\boldsymbol{V}_q=\left[v\left(\varpi_{q,1},\vartheta_{q,1}\right),\cdots v\left(\varpi_{q,N_c(q)},\vartheta_{q,N_c(q)}\right)\right]$，那么，修正导向矩阵 $\boldsymbol{V}_{q,l}$ 和导向矩阵 $\boldsymbol{V}_q$ 的对应关系如下：

$$\boldsymbol{V}_{q,l}=\left[v_{q,l}\left(\varpi_{q,1},\vartheta_{q,1}\right),\cdots v_{q,l}\left(\varpi_{q,N_c(q)},\vartheta_{q,N_c(q)}\right)\right]=\boldsymbol{A}_{q,l}\boldsymbol{V}_q \tag{4-37}$$

由 Brennan 准则可得到，$\operatorname{rank}\left(\boldsymbol{V}_q\right)\approx\left\lfloor N+\beta\left(M-1\right)\right\rfloor$[6]，同时，由上式可知，$\boldsymbol{V}_{q,l}$ 的秩满足 $\operatorname{rank}\left(\boldsymbol{A}_{q,l}\right)+\operatorname{rank}\left(\boldsymbol{V}_q\right)-MN\leqslant\operatorname{rank}\left(\boldsymbol{V}_{q,l}\right)$ $\operatorname{rank}\left(\boldsymbol{V}_{q,l}\right)\leqslant\min\left(\operatorname{rank}\left(\boldsymbol{A}_{q,l}\right),\operatorname{rank}\left(\boldsymbol{V}_q\right)\right)$，那么，有

$$N_{q,r}=\text{rank}\left(\boldsymbol{V}_{q,l}\right)\leqslant\text{rank}\left(\boldsymbol{V}_{q}\right) \tag{4-38}$$

当 $\text{rank}\left(\boldsymbol{A}_{q,l}\right)=MN$ 时，式（4-38）取等号。证毕。

从上述证明的结论可知，第 q 个近距离单元的强杂波旁瓣信号可以近似表示为

$$\boldsymbol{x}_{q,l}\approx\sum_{p=1}^{N_{q,r}}\overline{w}_{q,p}\overline{\boldsymbol{s}}_{ql,p} \tag{4-39}$$

其中，$\overline{w}_{q,p}\left(p=1,2,\cdots,N_r\right)$ 表示信号 $\overline{\boldsymbol{s}}_{ql,p}$ 的复系数。当修正字典矩阵 $\boldsymbol{S}_{q,l}$ 包含一组 $\left\{\overline{\boldsymbol{s}}_{ql,p}\right\}_{p=1}^{N_{q,r}}$ 时，式（4-39）与式（4-30）的信号模型等价，而修正字典矩阵的维度远大于式（4-39）的复系数个数，这意味着观测模型中权矢量的非零元素个数小于修正字典矩阵维度，表现出一定的稀疏特性。此时，空时旁瓣抑制算法可以转化为下述最优问题：

$$\min_{\boldsymbol{w}} J\left(\boldsymbol{w}\right)=\mathrm{E}\left\{\left\|\boldsymbol{x}_{l}-\boldsymbol{S}_{l}\boldsymbol{w}\right\|_{2}^{2}\right\}+2\kappa\left\|\boldsymbol{w}\right\|_{0} \tag{4-40}$$

其中，参数 κ 影响稀疏度与稀疏恢复性能。因为上述问题涉及 L_0 范数，属于 NP 难解的优化问题，因此对 L_0 范数做如下近似：

$$\left\|\boldsymbol{w}\right\|_{0}\approx\sum_{i=1}^{QP}\left(1-\mathrm{e}^{-\eta\left|w_{i}\right|}\right) \tag{4-41}$$

那么，最优化问题可以重写为

$$\min_{\boldsymbol{w}} J\left(\boldsymbol{w}\right)=\mathrm{E}\left\{\left\|\boldsymbol{x}_{l}-\boldsymbol{S}_{l}\boldsymbol{w}\right\|_{2}^{2}\right\}+2\kappa\sum_{i=1}^{QP}\left(1-\mathrm{e}^{-\eta\left|w_{i}\right|}\right) \tag{4-42}$$

利用拉格朗日数乘法，对上式求相对于权矢量的偏导，则有

$$\nabla J=-\mathrm{E}\left[\boldsymbol{S}_{l}^{\mathrm{H}}\left(\boldsymbol{x}_{l}-\boldsymbol{S}_{l}\boldsymbol{w}\right)\right]-\kappa\boldsymbol{g}\left(\boldsymbol{w}\right)=-r_{S\mathrm{x}}+R_{S}\boldsymbol{w}-\kappa\boldsymbol{g}\left(\boldsymbol{w}\right) \tag{4-43}$$

其中，$\boldsymbol{g}\left(\boldsymbol{w}\right)=\left[g\left(w_{1}\right),g\left(w_{2}\right),\cdots,g\left(w_{QP}\right)\right]^{\mathrm{T}}$，且 $g\left(x\right)$ 满足：

$$g\left(x\right)=\begin{cases}\eta^{2}x+\eta, & -1/\eta\leqslant x<0,\\ \eta^{2}x-\eta, & 0<x\leqslant 1/\eta,\\ 0, & \text{其他。}\end{cases} \tag{4-44}$$

令式（4-43）等于零，那么旁瓣相消权矢量可表示为

$$\boldsymbol{w}=R_{S}^{-1}\left[r_{S\chi}+\kappa\boldsymbol{g}\left(\boldsymbol{w}\right)\right] \tag{4-45}$$

需要说明的是，上述求得的最优化权矢量不是一个闭合解析解，由

于稀疏约束引入了函数$g(w)$这一项，因此无法由上述公式直接求取权矢量来估计多径杂波成分。为实现多径杂波成分的估计及抑制，关键问题在于如何求解式（4-41）描述的最小化问题。有多种方法可以求解上述优化问题[147-162]，包括稀疏最小均方误差（least mean squares, LMS）算法、稀疏约束的共轭梯度方法（conjugate gradient, CG）、稀疏 Kalman 滤波算法和稀疏递归最小二乘（recursive least squares, RLS）算法及稀疏约束的在线序贯下降方法（online coordinate descent, OCD）等。其中，因稀疏 LMS 算法具有结构简单、运算量小等优点[162]，本书利用该算法实现权矢量的迭代求解。在第 n 次迭代中，稀疏 LMS 算法利用瞬时值$\boldsymbol{S}^{\mathrm{H}}(n)\boldsymbol{x}(n)$和$\boldsymbol{S}^{\mathrm{H}}(n)\boldsymbol{S}(n)$代替均值$r_{Sx}$和$R_S$，那么权矢量的迭代公式可以表示为

$$\boldsymbol{w}(n+1)=\boldsymbol{w}(n)+\mu\boldsymbol{S}^{\mathrm{H}}(n)\mathrm{e}(n)+\gamma\boldsymbol{g}(\boldsymbol{w}(n)) \tag{4-46}$$

其中，$\gamma=\mu\kappa$；$\mathrm{e}(n)=\boldsymbol{x}(n)-\boldsymbol{S}(n)\boldsymbol{w}(n)$为第 n 次迭代的预测误差。

所提基于空时旁瓣抑制算法的级联相消方法主要分为两步，第一步是根据上述迭代求取的旁瓣相消权矢量抑制强干扰旁瓣快拍信号，相消后得到的输出信号可以表示为

$$\boldsymbol{x}_{l,\mathrm{new}}=\boldsymbol{x}_l-\boldsymbol{S}_l\boldsymbol{w} \tag{4-47}$$

第二步是利用降维的 STAP 技术来对消主瓣杂波，令 $\boldsymbol{T}_{\mathrm{RD}}$ 表示 $MN\times D(D\leqslant MN)$降维矩阵，STAP 权矢量可表示为

$$\tilde{\boldsymbol{w}}_{\mathrm{RD}}=\frac{R_u^{-1}v_t(\varpi_t,\vartheta_t)}{v_t^{\mathrm{H}}(\varpi_t,\vartheta_t)R_u^{-1}v_t(\varpi_t,\vartheta_t)} \tag{4-48}$$

其中，$R_u=\boldsymbol{T}_{\mathrm{RD}}^{\mathrm{H}}R_u\boldsymbol{T}_{\mathrm{RD}}$；$R_u=1/K\sum_{k=1,k\neq l}^{K+1}\boldsymbol{x}_{k,\mathrm{new}}\boldsymbol{x}_{k,\mathrm{new}}^{\mathrm{H}}$；$v_t(\varpi_t,\vartheta_t)=\boldsymbol{T}_{\mathrm{RD}}^{\mathrm{H}}v_t(\varpi_t,\vartheta_t)$。

因此，级联相消算法的输出可以表示为

$$y=\boldsymbol{w}_{\mathrm{RD}}^{\mathrm{H}}\boldsymbol{T}_{\mathrm{RD}}^{\mathrm{H}}\boldsymbol{x}_{l,\mathrm{new}}=\boldsymbol{w}_{\mathrm{RD}}^{\mathrm{H}}\boldsymbol{T}_{\mathrm{RD}}^{\mathrm{H}}(\boldsymbol{x}_l-\boldsymbol{S}_l\boldsymbol{w}) \tag{4-49}$$

基于空时旁瓣抑制算法的级联相消方法的 Matlab 伪代码总结见表 4. 1 所列。

表4.1 基于空时旁瓣抑制算法的级联相消方法的Matlab伪代码

初始化：
$w(0)=0$， $\hat{S}=\tilde{S}\cdot\tilde{T}\in C^{NM\times P}$， $V_s\in C^{N\times P}$
$r_{q,l,m}=\int_0^{T_r}u_m(t)u_m^*(t-q+1)dt, m=1,\cdots,M$
$r_{q,l}=\left[r_{q,l,1},r_{q,l,2},\ldots,r_{q,l,M}\right]^T$， $q=0,\cdots,Q \quad l=1,\cdots,L$
旁瓣相消权矢量计算：
for n=1, ⋯, L_c
$S_{0,n}=r_{0,l}\otimes V_s$
for q=1, ⋯, Q
$S_{q,n}=\left(r_{q,n}\otimes 1_{N\times P}\right)\odot\hat{S}$
end
$S(n)=\left[S_{0,n},S_{1,n},\cdots,S_{Q,n}\right]$
$e(n)=x(n)-S(n)w(n)$
$w(n)=w(n-1)+\mu S^H(n)e(n)+\gamma g(w(n))$
end
降维 STAP 方法权矢量计算：
for k=1, ⋯, K+1
$x_{k,new}=x_k-S_k w(L_c)$
end
$R_u=T_{RD}^H R_u T_{RD}$，其中 $R_u=1/K\sum_{k=1,k\neq l}^{K+1}x_{k,new}x_{k,new}^H$
$\tilde{w}_{RD}=R_u^{-1}v_t(\varpi_t,\vartheta_t)/v_t^H(\varpi_t,\vartheta_t)R_u^{-1}v_t(\varpi_t,\vartheta_t)$
$y=\tilde{w}_{RD}^H T_{RD}^H x_{l,new}$

4.2.3　仿真实验与分析

本节对上节所提算法进行仿真验证，并对比分析了所提算法与基于 LS 的时域自适应相消算法的性能。仿真中用随机信号近似代替 DVB-T 信号，信号波长为 0. 5 m，采样频率为 10 MHz。接收平台的运动速度为 100 m/s，接收载机上的天线正侧面放置，10 个天线阵元接收回波信号，阵元间距为半波长。相干积累时间设为 0. 05 s，对接收到的回波信号和参考信号均匀分段，分段后等效为 20 个脉冲信号，等效脉冲重复频率为 400 Hz，每个脉冲有 25 000 个采样点。假设参考信号接收纯净的直达波信号，每个距离环分布 181 个杂波块。回波信号中包括直达波信号与 20 个近距离单元的强杂波信号，强干扰信号的干噪比分别设为［70:−1:50］dB。对于所提的空时旁瓣相消算法，设定 $\eta=10$，$\mu=0.8$，$\kappa=2\times10^{-6}$，第一步相消过程中使用 3 000 个样本数据实现旁瓣快拍信号的估计。对于时域自适应相消算法，设定多普勒相消阶数为 25。两种级联相消算法的距离相消阶数均为 22。

仿真实验一：参数 P 对所提空时旁瓣相消算法性能的影响。

图 4. 3 给出了 SINR 损失性能随参数 P 的变化曲线，其中，预存储抽样矩阵的矩形窗大小设为 3×1。图中变化曲线表明，随着参数 P 的增大，SINR 损失性能提高。然而，由前面的分析可知，因为参数 P 的增大，更多的修正导向矢量被用来估计旁瓣快拍信号，修正字典矩阵维度增大使算法运算量进一步提高。因此，参数 P 的选择应该综合考虑 SINR 损失性能和计算复杂度，基于图 4. 3 给出的仿真结果，参数 P 设为 96。

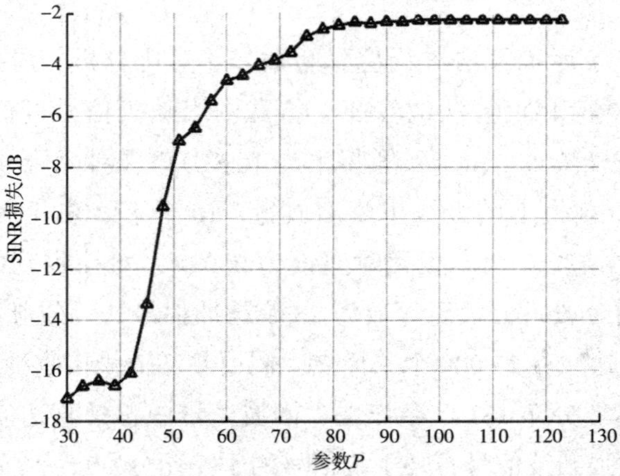

图 4.3　所提级联相消算法的 SINR 损失性能随参数 P 的变化曲线

仿真实验二：STAP 方法、基于 LS 算法的级联相消算法和所提的基于空时旁瓣抑制的级联相消算法的杂波谱估计和杂波抑制性能分析。

在第二个仿真实验中，LS 算法的多普勒相消阶数设为 25。图 4.4 给出了三种算法的杂波功率谱。由于强干扰的旁瓣严重影响背景杂波，直接利用 STAP 方法估计得到的杂波谱呈现出杂波特性和强干扰旁瓣特性，表现为杂波谱的基底抬高，如图 4.4(a) 所示。相对于直接利用 STAP 技术滤除旁瓣和杂波的方法，图 4.4(b) ～图 4.4(c) 所示的两种级联相消算法杂波谱的基底大大降低。这说明在 STAP 处理之前的时域自适应相消算法和所提的空时旁瓣相消算法能有效抑制强干扰的旁瓣，从而消除其对 STAP 算法的影响。

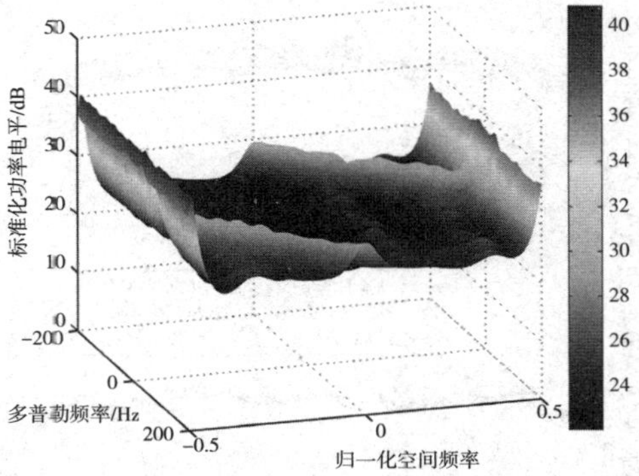

(a) STAP 方法的杂波功率谱

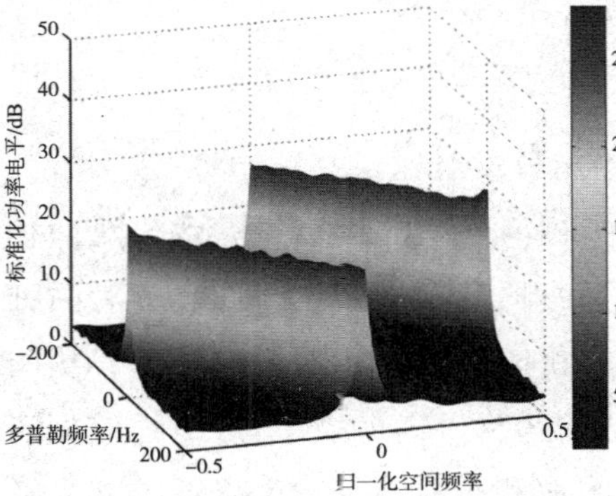

(b) 基于空时旁瓣抑制的级联相消方法

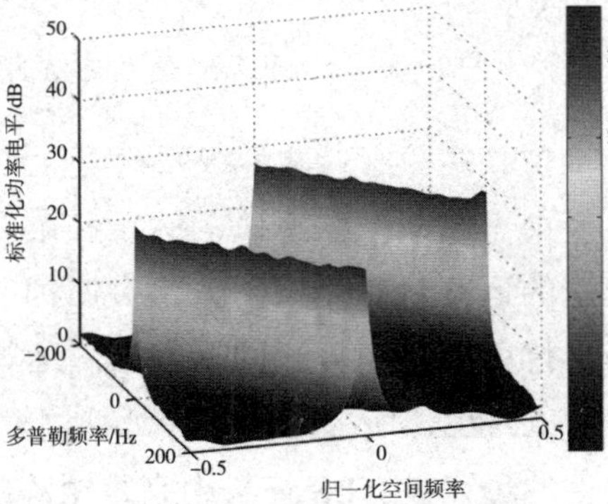

(c) 基于时域自适应算法的级联相消方法

图 4.4　杂波功率谱

图 4.5 给出了三种算法的 SINR 损失性能随目标多普勒频率变化的关系曲线。从仿真结果可以发现，STAP 方法同时抑制强干扰旁瓣和杂波信号，因此在杂波区域（多普勒频率为 -200 Hz 和 200 Hz）形成较深凹口的同时，在强干扰旁瓣区域的输出功率下降，使位于非杂波区域的目标同样被抑制，目标检测能力降低。另一方面，两种级联相消方法在 STAP 处理之前有效抑制强干扰旁瓣，第二步相消处理仅在杂波区域形成凹口，从而提高了在目标多普勒频率范围内的输出 SINR 损失性能。

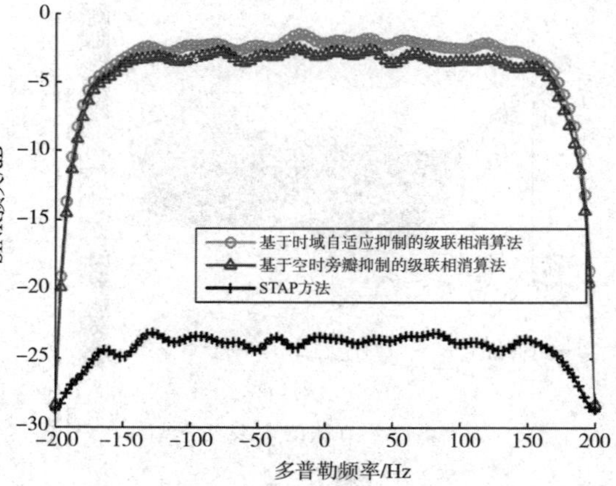

图 4.5　不同方法的 SINR 损失性能对比

仿真实验三：两种级联相消算法的运算量对比。

由于两种级联算法的脉压和第二步相消处理的运算量一致，对两种算法的运算量对比只需分析旁瓣抑制算法的计算复杂度，图 4.6 为两种强干扰旁瓣相消算法的复数乘法运算数和加法运算数的对比结果。从图中可以看出，所提的空时旁瓣抑制算法的运算量远远小于 LS 自适应相消处理的运算量，LS 算法中高维矩阵的求取和求逆计算大大降低了该级联方法的处理效率。

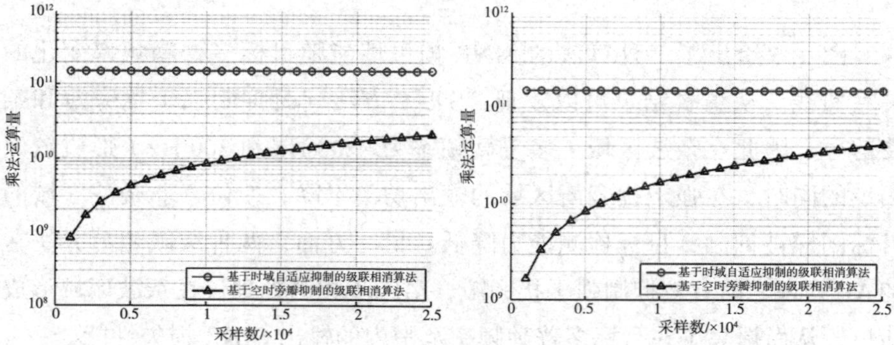

(a) 乘法运算数　　(b) 加法运算数

图 4.6　两种级联相消方法的运算量对比

表 4.2 给出了两种级联算法的运行时间的对比结果，其中，以基于 LS 的级联相消算法的运行时间为基准，将其归一化为 1。与前面的分析一致，与基于 LS 的级联相消算法相比，所提基于空时旁瓣抑制的级联相消方法的运行效率得到大大提高。结合第二个和第三个仿真实验结果可以看出，所提方法可有效实现目标检测性能和计算量的折中。

表4.2　两种级联相消算法的运行时间对比

方　法	归一化的运行时间
基于 LS 的级联相消算法	1
所提基于空时旁瓣抑制的级联相消算法	0.267

仿真实验四：先验知识不准确的条件下两种级联方法的性能对比分析。

基于 LS 的级联相消方法因为需要对高维矩阵进行估计和求逆计算，导致该级联方法的计算量大大提高。为减少算法运算量，可通过先验知识估计出近距离强杂波的多普勒分布范围来降低多普勒相消阶数，然而其性能受先验知识准确度的影响。第四个实验对比分析两种级联相消方法在如下三种条件下的杂波抑制性能：①先验知识准确；②杂波功率存在估计误差；③载机飞行速度存在误差。图 4.7 给出了三种情况下两种级联相消方法的杂波功率谱估计。

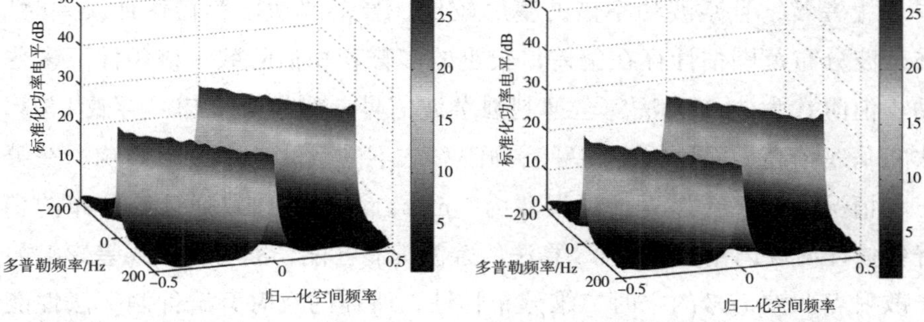

(a) 准确先验知识下的已有级联算法　　(b) 准确先验知识下的所提级联算法

图 4.7　不同情况下的杂波功率谱

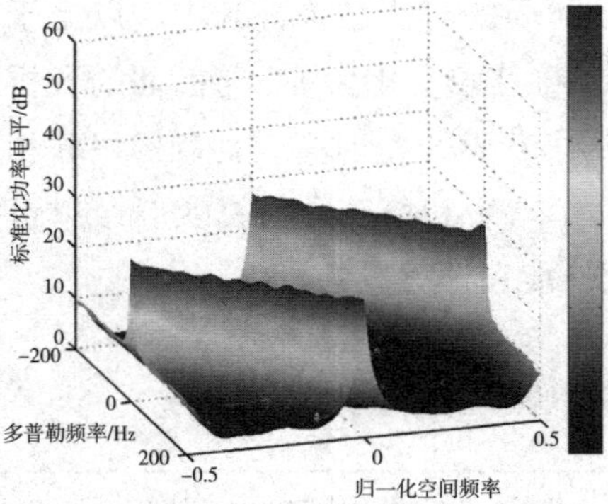

(c) 杂波功率估计误差下的已有级联算法

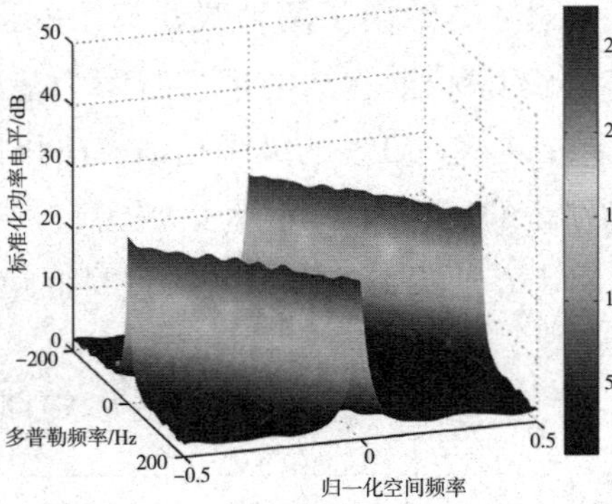

(d) 杂波功率估计误差下的所提级联算法

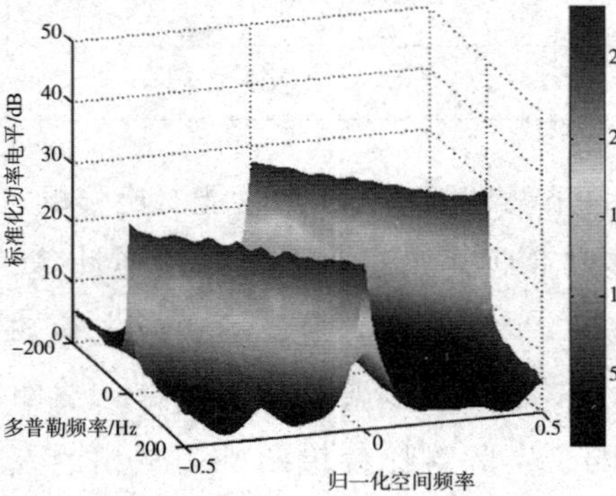

(e) 飞行速度误差下的已有级联算法

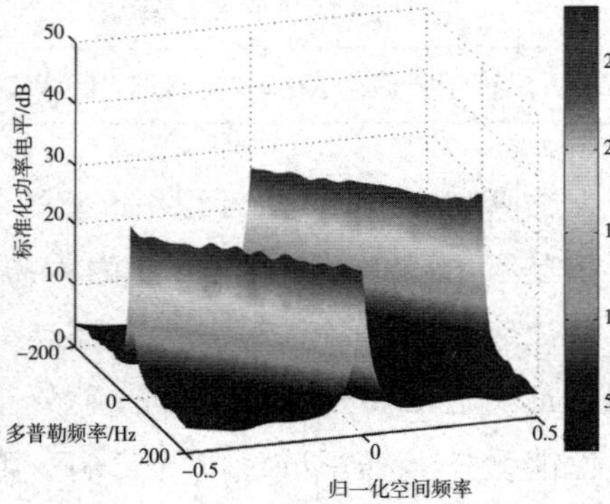

(f) 飞行速度误差下的所提级联算法

图 4.7 不同情况下的杂波功率谱（续）

从图中可以看出，在准确知识条件下，两种级联方法均能有效抑制强干扰旁瓣，且杂波功率谱的基底较低。当杂波功率存在估计误差时，强杂波分布范围估计存在偏差，较小的多普勒相消阶数（该条件下多普勒相消阶数为 21）无法完全抑制强杂波信号，剩余旁瓣信号导致 LS 算法的基底抬高，而所提空时旁瓣抑制算法不受杂波功率分布影响。在第三种情况下，飞行速度估计误差为 2 m/s，该误差导致强杂波分布的多普勒估计出现偏差，影响 LS 算法的杂波抑制性能，同时，该误差影响静止散射点回波信号的空时二维分布特性，所提的空时旁瓣抑制算法性能下降，但预存储抽样矩阵中矩形窗的选择可以在一定程度上克服该误差的影响。

图 4.8 给出了三种情况下两种级联相消方法的 SINR 损失随目标多普勒频率的变化曲线。从仿真结果可以看出，在先验知识准确条件下，两种级联相消方法均能获得较优的 SINR 损失性能。而在先验知识不准确（存在功率估计误差和运动速度误差）的条件下，所提空时旁瓣相消方法可获得比已有方法更优的 SINR 损失性能。仿真结果证实了所提方法的有效性。

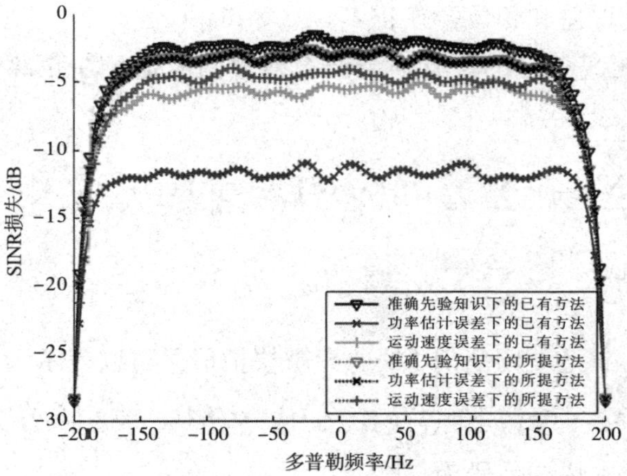

图 4.8　不同情况下两种级联相消方法的 SINR 损失性能

4.3　含有通道幅相误差的级联相消算法

第 4.2 节提出了空域理想条件下机载外辐射源雷达系统的强干扰旁瓣和杂波信号的级联相消方法。然而，在实际系统中难免会存在通道幅相误差[163-164]，导致构造的观测模型无法准确表示强干扰旁瓣快拍信号，使空时旁瓣相消算法出现旁瓣剩余，进而影响 STAP 算法性能。针对该问题，本节开展了通道误差下适用于机载外辐射源雷达系统的强干扰旁瓣和杂波级联相消算法研究，建立了含有通道幅相误差下的信号模型，修正了 4.2 节提出的空时旁瓣快拍信号观测模型，并联合估计通道误差和空时旁瓣相消权矢量来抑制旁瓣快拍信号，最后利用 STAP 算法实现了杂波抑制。

4.3.1 含有通道误差的机载外辐射源雷达信号模型

在 4. 1 节信号模型的基础上，含有通道幅相误差的杂波快拍信号为

$$\boldsymbol{x}_c = \sum_{i=1}^{N_c} \alpha_i v_t(\varpi_i) \otimes (\boldsymbol{\gamma} \odot v_s(\vartheta_i)) = \sum_{i=1}^{N_c} \alpha_i \boldsymbol{\Gamma} v(\varpi_i, \vartheta_i) \tag{4-50}$$

其中，$\varsigma = \left[A_1 e^{j\varphi_1}, A_2 e^{j\varphi_2}, \cdots, A_N e^{j\varphi_N}\right]^{\mathrm{T}}$ 为通道的幅相误差，A_i 和 φ_i 分别为第 i 个阵元的幅度误差和相位误差；$\boldsymbol{\Gamma} = I_M \otimes \mathrm{diag}(\varsigma)$。

N_q 个近距离单元的所有强杂波散射点回波信号在距离门 l 处的旁瓣快拍信号可以表示为

$$\begin{aligned}\sum_{q=1}^{N_q} \boldsymbol{x}_{q,l} &= \sum_{q=1}^{N_q} \sum_{i=1}^{N_c(q)} \alpha_{q,i} \left(r_{q,l} \otimes \mathbf{1}_{N\times 1}\right) \odot \left[\boldsymbol{\Gamma} v(\varpi_{q,i}, \vartheta_{q,i})\right] \\ &= \sum_{q=1}^{N_q} \sum_{i=1}^{N_c(q)} \alpha_{q,i} \boldsymbol{\Gamma} v_{q,l}(\varpi_{q,i}, \vartheta_{q,i})\end{aligned} \tag{4-51}$$

对应的，直达波距离门 l 处的旁瓣快拍信号可以表示为

$$\boldsymbol{x}_{0,l} = \alpha_{\mathrm{d}} \left(\varsigma_{0,l} \otimes (\boldsymbol{\gamma} \odot v_{\mathrm{s}}(\vartheta_{\mathrm{d}}))\right) = \alpha_{\mathrm{d}} \boldsymbol{\Gamma} \left(\varsigma_{0,l} \otimes v_{\mathrm{s}}(\vartheta_{\mathrm{d}})\right) \tag{4-52}$$

因此，训练样本快拍信号为

$$\boldsymbol{x}_u = \boldsymbol{x}_c + \boldsymbol{x}_{0,l} + \sum_{q=1}^{N_q} \boldsymbol{x}_{q,l} + \boldsymbol{x}_n \tag{4-53}$$

由于强干扰旁瓣信号的存在，为保证 STAP 算法的抑制性能，需要在 STAP 处理之前消除此类旁瓣信号的影响。而通道相位误差将影响上节提出的空时旁瓣抑制算法的性能，因此考虑联合估计旁瓣相消权矢量和通道幅相误差来实现空时旁瓣信号的抑制。

4.3.2 通道误差下的干扰旁瓣与杂波的级联相消算法

本节同样从空时快拍信号模型的角度推导在通道误差条件下的空时旁瓣抑制算法以及基于该算法的级联相消方法。为得到旁瓣快拍信号的观测模型，首先对角度 - 多普勒平面进行网格划分，并利用先验知识以及预设矩形窗选取合适的空时导向矢量来构造字典矩阵，构造方法与 4. 2. 2 节相同。将空时导向字典矩阵记为 $\tilde{\boldsymbol{\Phi}}$，那么第 q 个近距离单元的

强杂波旁瓣快拍信号可以重新表示为

$$\boldsymbol{x}_{q,l}=\boldsymbol{\Gamma}\boldsymbol{S}_{q,l}\boldsymbol{w}_q=\boldsymbol{\Gamma}\left[\left(r_{q,l}\otimes\boldsymbol{1}_{N\times P}\right)\odot\tilde{\boldsymbol{\Phi}}\right]\boldsymbol{w}_q \tag{4-54}$$

直达波旁瓣快拍信号可以表示为

$$\boldsymbol{x}_{0,l}=\boldsymbol{\Gamma}\boldsymbol{S}_{0,l}\boldsymbol{w}_0=\boldsymbol{\Gamma}\left[\left(r_{0,l}\otimes\boldsymbol{V}_{\mathrm{s}}\right)\right]\boldsymbol{w}_0 \tag{4-55}$$

基于 4.2.2 节的分析，总的强干扰旁瓣快拍信号的观测模型可以表示为

$$\sum_{q=0}^{N_q}\boldsymbol{x}_{q,l}=\sum_{q=0}^{Q}\boldsymbol{\Gamma}\boldsymbol{S}_{q,l}\boldsymbol{w}_q=\boldsymbol{\Gamma}\boldsymbol{S}_l\boldsymbol{w} \tag{4-56}$$

其中，$\boldsymbol{\Gamma}\boldsymbol{S}_l$ 可以表示为

$$\boldsymbol{\Gamma}\boldsymbol{S}_l=\boldsymbol{S}_l+\left(\boldsymbol{\Gamma}-I_{MN}\right)\boldsymbol{S}_l=\boldsymbol{S}_l+\boldsymbol{\Lambda}\boldsymbol{S}_l \tag{4-57}$$

那么，式 (4-56) 可以重写为

$$\sum_{q=0}^{N_q}\boldsymbol{x}_{q,l}=\left(\boldsymbol{S}_l+\boldsymbol{\Lambda}\boldsymbol{S}_l\right)\boldsymbol{w} \tag{4-58}$$

令 $\boldsymbol{h}=\varsigma-\boldsymbol{1}_{N\times 1}$，则有 $\boldsymbol{\Lambda}=\mathrm{diag}\left(\boldsymbol{1}_{M\times 1}\otimes\boldsymbol{h}\right)$。又因为 $\left\|\boldsymbol{\Lambda}\boldsymbol{S}_l\right\|_F^2=C\left\|\boldsymbol{\Lambda}\right\|_F^2=MC\left\|\boldsymbol{h}\right\|_2^2$，其中，$C$ 为常数，那么对通道误差的估计可以等价为对向量 $\boldsymbol{h}$ 的估计，同时对相消权矢量和通道误差的联合估计问题可以转化为解决如下最优化问题：

$$\left\{\hat{\boldsymbol{w}},\hat{\boldsymbol{h}}\right\}=\underset{\boldsymbol{w},\boldsymbol{h}}{\arg\min}\,\mathrm{E}\left\{\left\|\boldsymbol{x}_l-\left(\boldsymbol{S}_l+\boldsymbol{\Lambda}\boldsymbol{S}_l\right)\boldsymbol{w}\right\|_2^2\right\}+\left\|\boldsymbol{h}\right\|_2^2+2\eta\left\|\boldsymbol{w}\right\|_1 \tag{4-59}$$

为实现权矢量和通道误差的交替迭代，本节利用稀疏 LMS 算法实现权矢量的估计，由于 4.2.2 节已经详细推导了基于该算法的权矢量迭代公式，本节仅研究通道幅相误差的估计方法。

将第 k 次迭代的旁瓣相消权矢量记为 $\boldsymbol{w}(k)$，那么第 k 次迭代的矢量 $\boldsymbol{h}$ 的最优值可通过求取下式得到：

$$\hat{\boldsymbol{h}}(k)=\underset{\boldsymbol{h}}{\arg\min}\,J_2 \tag{4-60}$$

其中，有

$$J_2=\underset{\boldsymbol{h}}{\arg\min}\,\mathrm{E}\left\{\left\|\boldsymbol{x}_k-\left[\boldsymbol{S}_k+\boldsymbol{\Lambda}\boldsymbol{S}_k\right]\boldsymbol{w}(k)\right\|_2^2\right\}+\left\|\boldsymbol{h}\right\|_2^2 \tag{4-61}$$

上述代价函数可以重写为

$$
\begin{aligned}
J_2 &= \mathrm{E}\left\{\left\|\left[\boldsymbol{x}_k - \boldsymbol{S}_k\boldsymbol{w}(k)\right] - \mathrm{diag}\left(\mathbf{1}_{M\times 1}\otimes\boldsymbol{h}\right)\boldsymbol{S}_k\boldsymbol{w}(k)\right\|_2^2\right\} + \left\|\boldsymbol{h}\right\|_2^2 \\
&= \mathrm{E}\left\{\left\|\left[\boldsymbol{x}_k - \boldsymbol{S}_k\boldsymbol{w}(k)\right] - \mathrm{diag}\left(\boldsymbol{S}_k\boldsymbol{w}(k)\right)\left(\mathbf{1}_{M\times 1}\otimes I_N\right)\boldsymbol{h}\right\|_2^2\right\} + \left\|\boldsymbol{h}\right\|_2^2
\end{aligned} \tag{4-62}
$$

令 $\mathrm{e}(k)=\boldsymbol{x}_k-\boldsymbol{S}_k\boldsymbol{w}(k)$ 且 $\boldsymbol{G}(k)=\mathrm{diag}\left(\boldsymbol{S}_k\boldsymbol{w}(k)\right)\left(\mathbf{1}_{M\times 1}\otimes I_N\right)$，那么，对式（4-62）求相对于 $\boldsymbol{h}^*$ 的偏导，则有

$$
\nabla J_2 = R_G(k)\boldsymbol{h} - r_{G\mathrm{e}}(k) \tag{4-63}
$$

其中，$R_G(k)=\mathrm{E}\left\{\boldsymbol{G}^{\mathrm{H}}(k)\boldsymbol{G}(k)+I_N\right\}$；$r_{G\mathrm{e}}(k)=\mathrm{E}\left\{\boldsymbol{G}^{\mathrm{H}}(k)\mathrm{e}(k)\right\}$。令上式等于零，则第 k 次迭代的最优矢量为

$$
\boldsymbol{h}(k)=\boldsymbol{R}_G^{-1}(k)\boldsymbol{r}_{G\mathrm{e}}(k) \tag{4-64}
$$

其中，$\boldsymbol{R}_G$ 和 $\boldsymbol{r}_{G\mathrm{e}}$ 分别为协方差矩阵和相关矢量，其可通过下面的迭代关系实现：

$$
\boldsymbol{R}_G(k)=\beta\boldsymbol{R}_G(k-1)+\left(\boldsymbol{G}^{\mathrm{H}}(k)\boldsymbol{G}(k)+I_N\right) \tag{4-65}
$$

$$
\boldsymbol{r}_{G\mathrm{e}}(k)=\beta\boldsymbol{r}_{G\mathrm{e}}(k-1)+\boldsymbol{G}^{\mathrm{H}}(k)\mathrm{e}(k) \tag{4-66}
$$

其中，β 为遗忘因子，通常取小于 1 但接近 1 的正实数。

利用上述推导得到 $\boldsymbol{h}(k)$ 构造矩阵 $\boldsymbol{\varLambda}(k)$，代入下一次对相消权矢量的更新过程中。依次交替迭代更新旁瓣相消权矢量和通道幅相误差矢量，直到相邻两处迭代的输出 SINR 损失值不再发生明显变化或变化小于设定的阈值。然后利用估计的相消权矢量和通道误差矢量实现强干扰旁瓣信号的抑制，第一步相消后的输出快拍信号可以表示为

$$
\boldsymbol{y}_l=\boldsymbol{x}_l-\left(\boldsymbol{S}_l+\boldsymbol{\varLambda}\boldsymbol{S}_l\right)\boldsymbol{w} \tag{4-67}
$$

第二步相消处理是为了实现杂波抑制。假设 STAP 方法的权矢量为 $\boldsymbol{w}_y$，那么级联相消方法的输出可以表示为

$$
z_l=\boldsymbol{w}_y^{\mathrm{H}}\boldsymbol{y}_l=\boldsymbol{w}_y^{\mathrm{H}}\left[\boldsymbol{x}_l-\left(\boldsymbol{S}_l+\boldsymbol{\varLambda}\boldsymbol{S}_l\right)\boldsymbol{w}\right] \tag{4-68}
$$

在通道幅相误差条件下，上述推导的基于空时旁瓣抑制的级联相消方法的 Matlab 伪代码总结见表 4. 3 所列。

表4.3　通道误差下基于空时旁瓣抑制的级联相消方法的Matlab伪代码

初始化
$w(1)=0$， $h(1)=0$， $R_{u'}(1)=0$， $R_{u'v}(1)=0$
$r_{q,l,m}=\int_0^{T_r} u_m(t)u_m^*(t-q+1)dt, m=1,\cdots,M$
$r_{q,l}=\left[r_{q,l,1},r_{q,l,2},\ldots,r_{q,l,M}\right]^T$， $q=0,\cdots,Q \quad l=1,\cdots,L$
$S_{0,l}=r_{0,l}\otimes V_s$， $S_{q,l}=\left(r_{q,l}\otimes 1_{N\times P}\right)\odot\tilde{\Phi}$， q=1, ⋯, Q
$S_l=\left[S_{0,l},S_{1,l},\cdots,S_{Q,l}\right]$
通道误差下的空时旁瓣相消
for k=2, ⋯, L_e
$\Lambda(k-1)=\mathrm{diag}\left(1_{M\times1}\otimes h(k-1)\right)$
$S_{0,k}=r_{0,k}\otimes V_s$， $S_{q,k}=\left(r_{q,k}\otimes 1_{N\times P}\right)\odot\hat{S}$， q=1, ⋯, Q
$S_k=\left[S_{0,k},S_{1,k},\cdots,S_{Q,k}\right]$
更新 w(k)
$\mathbf{S}'(k-1)=\mathbf{S}_{k-1}+\boldsymbol{\Lambda}(k-1)\mathbf{S}_{k-1}$
$e(k-1)=x_{k-1}-S'(k-1)w(k-1)$
$w(k)=w(k-1)+\mu\left[S'^H(k-1)e(k-1)-\eta\,\mathrm{sign}\left(w(k-1)\right)\right]$
更新 h(k)
$G(k)=\mathrm{diag}\left(S_k w(k)\right)\left(1_{M\times1}\otimes I_N\right)$
$e(k)=x_k-S_k w(k)$
$R_G(k)=\beta R_G(k-1)+\left(G^H(k)G(k)+I_N\right)$
$r_{Ge}(k)=\beta r_{Ge}(k-1)+G^H(k)e(k)$
$h(k)=\left[r_{k,1}/R_{k,1},r_{k,2}/R_{k,2},\cdots,r_{k,N}/R_{k,N}\right]^T$
end
杂波相消
for k=1, ⋯, K+1
$y_k=x_k-\left(S_k+\Lambda S_k\right)w(L_c)$

续 表

end
$z_l = w_y^H y_l$

4.3.3 仿真实验与分析

在本节仿真实验中，假设通道幅相误差满足均匀分布，其中，幅度误差 A_n 服从 $[1-\varepsilon_{max}, 1+\varepsilon_{max}]$ 范围内的均匀分布且相位误差 φ_n 服从 $[1-\psi_{max}, 1+\psi_{max}]$ 范围内的均匀分布，其余仿真参数与 4. 2. 3 节一致。仿真试验中，将本节所提的基于旁瓣相消权矢量和幅相误差联合估计的级联相消方法称为基于联合迭代的级联（cascaded method，CM）方法（CM-JI）；将直接利用 STAP 算法进行旁瓣和杂波相消的方法称为同步相消方法（simultaneous method，SM）；将 4. 2. 1 节介绍的基于 LS 时域自适应处理的级联相消算法称为基于 LS 的级联相消方法（CM-LS）；将 4. 2. 2 节提出的空时旁瓣抑制的级联相消方法称为基于稀疏 LMS 的级联相消方法（CM-LMS）。本节对比分析了提出的 CM-JI 方法、SM、CM-LS、基于距离多普勒空间（range-doppler-space，RDS）的级联方法（CM-RDS）[165] 和 CM-LMS 的杂波谱估计性能与杂波抑制性能。

仿真实验一：五种算法在不同通道幅相误差条件下的杂波功率谱以及 SINR 损失性能分析。

仿真场景一考虑以下三种通道幅相误差：①无通道误差，即满足 $\varepsilon_{max}=0$，$\psi_{max}=0$；②通道的幅相误差满足 $\varepsilon_{max}=0.05$，$\psi_{max}=0.05\pi$；③通道的幅相误差满足 $\varepsilon_{max}=0.1$，$\psi_{max}=0.1\pi$。其中，CM-LS 方法和 CM-LMS 方法的仿真参数与上节一致，所提 CM-JI 算法中遗忘因子设为 $\beta=0.97$，CM-RDS 算法的距离相消阶数设为 22，多普勒相消阶数设为 41，步长设为 6×10^{-14}。为得到公平的对比结果，四种 CM 算法的第二步相消处理和 SM 算法均利用最优 STAP 方法。

从图 4.9 中的仿真结果可以看出，由于在 STAP 算法之前没有经过强干扰旁瓣相消处理，SM 算法的杂波功率谱受强旁瓣影响，表现为杂波谱的基底水平抬高。同时，CM-LS 算法对每个接收通道的回波单独进行时域自适应相消处理，通道误差不影响 LS 算法性能，因此三种情况下均能实现较优的强干扰相消性能，表现为杂波谱的基底水平较低。

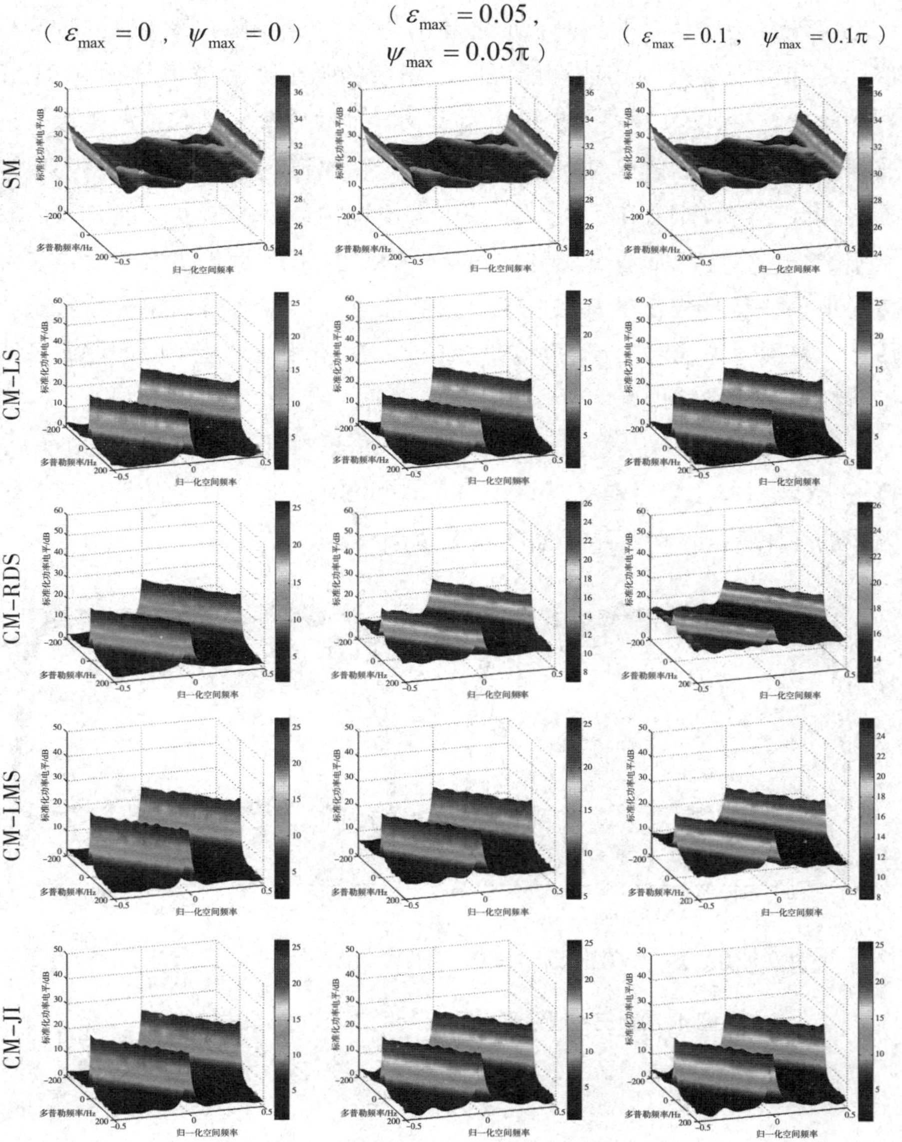

图 4.9　三种通道幅相误差条件下的杂波功率谱

此外，随着通道幅相误差的增大，CM-RDS 算法和 CM-LMS 算法的杂波谱基底升高，说明幅相误差严重影响了 CM-RDS 算法和 CM-LMS 算法的旁瓣相消性能。具体来说，CM-RDS 算法利用杂波脊的分布信息实现强杂波信号的抑制，而通道的幅相误差影响了杂波的空时分布特性，导致强杂波的相消性能下降，剩余的强杂波旁瓣信号影响 STAP 算法的杂波特性。CM-LMS 算法利用杂波脊的分布信息和预设矩形窗选取修正空时导向矩阵来估计旁瓣快拍信号，通道误差的存在使该字典矩阵与实际系统模型并不匹配，降低了旁瓣快拍信号的恢复性能，从而影响了 STAP 算法的杂波谱估计。最后，CM-JI 算法的杂波功率谱在三种情况下均能保持较低的基底，说明该算法可以实现通道幅相误差矢量的估计，解决通道误差导致的 CM-LMS 算法旁瓣相消性能下降问题，说明了所提方法的有效性。

接下来分析在上述三种情况下 SM 算法、CM-LS 算法、CM-RDS 算法、CM-LMS 算法和所提 CM-JI 算法的 SINR 损失性能随目标多普勒频率的变化情况，仿真结果如图 4.10 所示。

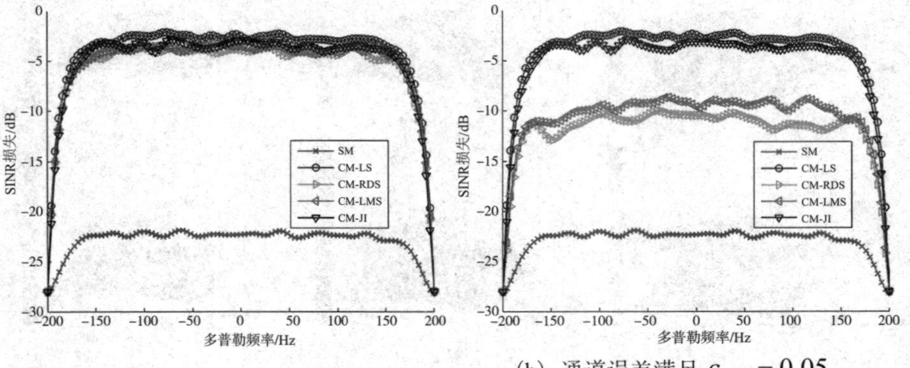

(a) 通道误差满足 $\varepsilon_{\max}=0$ ，$\psi_{\max}=0$

(b) 通道误差满足 $\varepsilon_{\max}=0.05$ ，$\psi_{\max}=0.05\pi$

图 4.10　三种通道幅相误差条件下的 SINR 损失性能

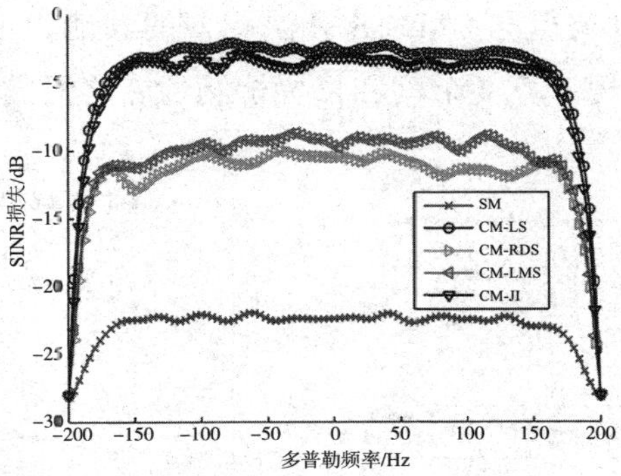

(c) 通道误差满足 $\varepsilon_{max}=0.1$， $\psi_{max}=0.1\pi$

图 4.10　三种通道幅相误差条件下的 SINR 损失性能（续）

从图中可以看出，在不同的通道误差情况下，CM-LS 算法和所提的 CM-JI 算法均能获得较优的 SINR 损失性能且在非杂波区域均能得到较高的输出功率。相反的，SM 算法对杂波区和旁瓣区的信号进行抑制，因此在三种情况下均无法保证 SINR 损失性能。同时，与图 4.9 所示的结果一致，CM-LMS 算法和 CM-RDS 算法的 SINR 损失性能随着通道误差变化。当无通道幅相误差时，图 4.10(a) 中两种算法均能得到与 CM-JI 算法和 CM-LS 算法相同的性能，但随着通道误差的增大，输出 SINR 损失性能下降。此外，对比 CM-LMS 算法和 CM-RDS 算法可以发现，CM-RDS 算法对通道的幅相误差更加敏感，原因在于 CM-LMS 算法中预设矩形窗的选择在一定程度上可以克服通道误差对旁瓣快拍估计性能的影响。

仿真实验二：四种级联相消方法的计算复杂度对比。

对计算复杂度的分析从加法计算量和数乘计算量进行说明。图 4.11(a) ～图 4.11(b) 分别给出了四种级联算法的加法计算量和乘法计算量随迭代次数的变化曲线。从实验结果可以看出，所提的 CM-JI 算法增加了通道误差估计的迭代过程，其运算复杂度会稍高于 CM-LMS 算法，但其运算量仍小于 CM-LS 算法；同时，CM-RDS 算法的计算复杂度最低。然而，结合图 4.9 和图 4.10 所示的仿真结果，在通道误差存在条件下，所提的 CM-JI 算法的目标检测性能优于 CM-RDS 算法和 CM-

LMS 算法，并可以获得与 CM-LS 算法相似的性能，证明了所提 CM-JI 算法可以更好地实现计算复杂度和目标检测性能之间的折中。

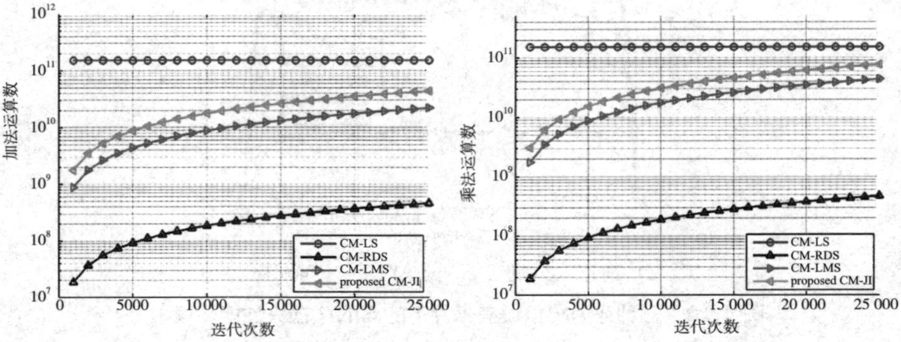

(a) 加法运算数　　(b) 乘法运算数

图 4.11　四种级联相消方法的运算量对比

4.4 本章小结

本章对机载外辐射源雷达系统的强干扰旁瓣和杂波级联相消处理技术开展了相关的研究，分析了连续信号的模糊函数高副瓣特性影响 STAP 算法性能的原因，并在强干扰旁瓣信号模型的基础上给出了空时旁瓣快拍的估计算法，提出了基于该算法的级联相消方法。仿真结果表明，所提的基于空时旁瓣抑制的级联相消方法在保证旁瓣对消性能和 STAP 算法目标检测性能的前提下，其运算量远小于基于 LS 自适应处理的级联相消方法。

另外，实际系统中的通道误差会导致所构造的修正导向字典矩阵与真实的旁瓣快拍信号之间存在一定程度的失配，从而降低所提级联相消方法的旁瓣相消性能。针对此问题，本章建立了通道误差下的杂波信号模型，通过通道幅相误差和旁瓣相消权矢量联合迭代的方法消除强干扰旁瓣对 STAP 算法的影响。所提的基于联合迭代的级联相消方法能有效改善旁瓣相消性能，较好地实现计算复杂度和 STAP 目标检测性能之间的折中。

第 5 章　不纯净参考信号下的目标检测算法研究

外辐射源雷达系统通常利用第三方照射源作为发射站来实现目标的识别、监测和跟踪，因此外辐射源雷达不仅包括回波通道，通常还需要一个参考通道来接收直达波信号[166-168]。参考信号可以通过一根单独指向辐射源的天线进行接收，也可以在辐射源方向形成接收波束获得。在机载外辐射源雷达系统中，DPCA 和 STAP 方法均需要利用参考信号来进行匹配滤波，然后对匹配后得到的空时快拍数据进行自适应相消处理，实现杂波抑制。第 3 章与第 4 章对机载外辐射源雷达系统的杂波对消算法进行了研究。在前面所介绍的杂波抑制算法中，为便于分析，均假设参考信号是纯净的，即参考信号中只含有直达波信号或者参考通道中的多径信号可归为噪声进行处理。

然而，外辐射源雷达通常使用小孔径天线来保证其轻便灵活的优势，较大的天线主瓣宽度以及站址误差的存在很难保证参考通道接收到纯净的直达波信号[169]。如图 5.1 所示，机载外辐射源雷达的参考通道中不仅含有直达波信号，还含有多径杂波信号（因静止散射点和运动散射点的回波信号均有多普勒频率，参考通道中的杂波信号和目标信号对 STAP 算法产生相同的影响，因此本书将参考通道中的目标回波归为多径杂波进行处理）。此时，利用不纯净的参考信号对样本数据进行匹配滤波，则得到与直达波匹配后的杂波成分和与多径匹配后的杂波成分，以下简称为直达波杂波成分和多径杂波成分。多径杂波成分的存在会导致杂波谱展宽，当待检测的目标信号与多径杂波成分有相同多普勒频率和空间到达角时，直接利用 STAP 方法会在抑制杂波的同时将目标消除，即出现动目标信号相消现象。

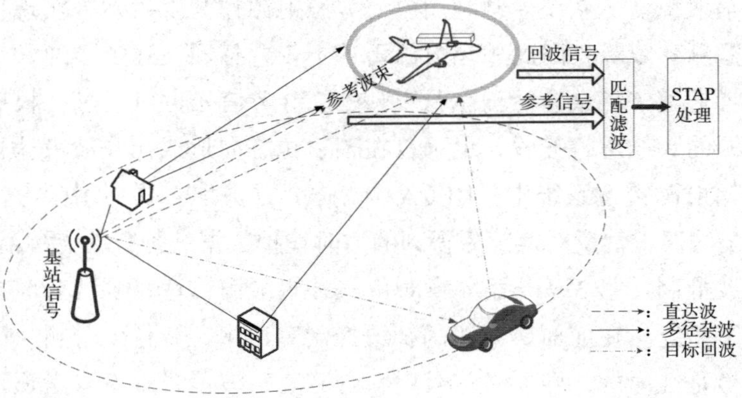

图 5.1　机载外辐射源雷达工作场景图

为解决上述问题，本书提出了一种适用于机载外辐射源雷达系统的级联杂波相消方法。所提方法分两步实现。第一步，首先分析多径杂波成分在距离多普勒维上的稀疏特性，然后构造目标函数来估计多径杂波成分，实现对其的抑制。这一步消除了多径杂波成分对 STAP 算法的影响，同时将不纯净参考信号的杂波抑制问题转化为常规的机载雷达杂波相消问题。第二步，利用已有的 STAP 技术抑制直达波杂波成分，从而实现目标检测。该方法在分析多径杂波成分的稀疏性后，采用固定的正则化参数来估计多径杂波成分，然而实际中每次迭代的最优参数值都是随着样本快拍数据而变化的。因此，本章在所提方法的基础上进行改进，采用联合迭代的方式同时估计正则化参数和多径杂波成分，基于联合迭代的级联方法可有效提高算法的收敛性能和目标检测能力。

本章内容安排如下：5. 1 节建立了不纯净参考信号下的信号模型；5. 2 节分析了多径杂波成分在距离多普勒维上的稀疏特性，并详细推导了所提的级联相消方法；5. 3 节首先分析了正则化参数对所提算法收敛性能的影响，然后给出了基于联合迭代的级联相消方法，最后对所提的改进抑制方法进行了仿真验证；5. 4 节对本章的主要内容进行了总结，并得到了相关结论。

5.1　不纯净参考信号下的信号模型

考虑以地面非合作辐射源作为发射站、载机作为接收站，建立机载外辐射源雷达系统。系统几何构型如图 5.2 所示，其中载机 R 以速度 v_R 平行于地面匀速飞行。安置在载机上的参考天线指向发射站接收参考信号，均匀配置于正侧面位置的 N 个阵元接收回波信号，阵元间距为半波长，距离环内杂波散射点相对于载机飞行方向的锥角为 ϕ。

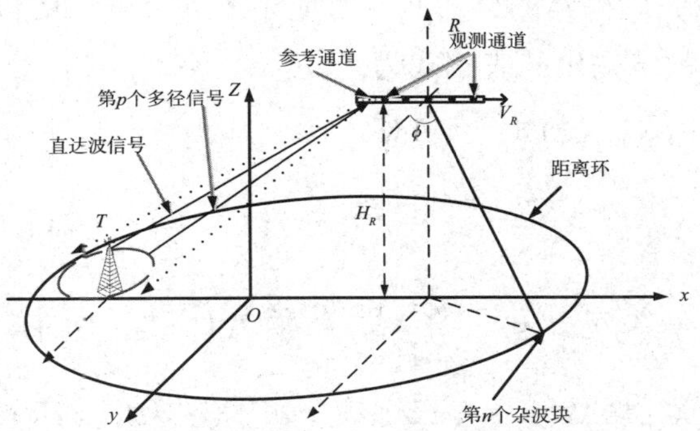

图 5.2　不纯净参考信号下的机载外辐射源雷达几何构型图

在一次相干处理时间内，对所有阵元接收到的连续回波数据进行均匀分段。分段后等效为每个阵元接收 M 个脉冲的回波信号，等效脉冲重复周期为 T_r，每个等效脉冲按照奈奎斯特采样率采样 $L=T_r f_s$ 次。假设参考信号中含有 N_T 个多径信号，那么不纯净参考信号可表示为

$$s_r(t)=\alpha_d\sum_{m=0}^{M-1}u_m\left(t-\tau_d-mT_r\right)\mathrm{e}^{\mathrm{j}2\pi f_d t}+\sum_{p=1}^{N_T}\alpha_p\sum_{m=0}^{M-1}u_m\left(t-\tau_p-mT_r\right)\mathrm{e}^{\mathrm{j}2\pi f_p t} \qquad (5\text{-}1)$$

其中，$u_m(t)$ 为等效第 m 个脉冲的发射信号；α_d 和 f_d 分别为直达波的幅度和多普勒频率；$\tau_d=l_d/f_s$ 为直达波的时延，其中 l_d 为直达波信号的延时单元；α_p 和 f_p 分别为第 p 个多径回波信号的幅度和多普勒频率；

$\tau_p = l_p / f_s$ 为第 p 个多径回波信号的时延，其中 l_p 为该信号所在的延时单元。

在第 n 阵元接收到的位于第 l 个延时单元的第 i 个散射点的回波信号为

$$s_{n,i}(t) = \alpha_{l,i} \sum_{m=0}^{M-1} u_m(t - \tau_l - mT_r) \mathrm{e}^{\mathrm{j}2\pi f_i t} \mathrm{e}^{\mathrm{j}2\pi n \vartheta_i} \tag{5-2}$$

其中，$\alpha_{l,i}$ 为复幅度；信号时延 $\tau_l = l/f_s$；$f_i = (v_R/\lambda)\sin\phi_i$ 和 $\vartheta_i = (d/\lambda)\sin\phi_i$ 分别为该散射点回波信号的多普勒频率和空间频率，其中 d 为阵元间距。

空时快拍数据是在参考信号分别与每个阵元每个等效脉冲的回波信号进行匹配滤波后得到的，那么，对应于第 n 个阵元的该散射点回波信号，其匹配滤波器输出的表达式为

$$\begin{aligned} x_{n,i}(t) &= \int_{-\infty}^{\infty} s_{n,i}(\varsigma) s_r^*(\varsigma - t) \mathrm{d}\varsigma \\ &= \varepsilon_{l,i} \mathrm{e}^{\mathrm{j}2\pi n \vartheta_i} \sum_{m=0}^{M-1} \mathrm{e}^{\mathrm{j}2\pi m T_r (f_i - f_d)} r_m\left(t - (\tau_l - \tau_d) - mT_r\right) \\ &\quad + \sum_{p=1}^{N_T} \alpha_p' \varepsilon_{l,i} \mathrm{e}^{\mathrm{j}2\pi n \vartheta_i} \sum_{m=0}^{M-1} \mathrm{e}^{\mathrm{j}2\pi m T_r (f_i - f_p)} r_m\left(t - (\tau_l - \tau_p) - mT_r\right) \end{aligned} \tag{5-3}$$

其中，* 表示复数共轭；$\varepsilon_{l,i} = \alpha_{l,i}\alpha_d^*$；$\alpha_p' = \alpha_p^* / \alpha_d^*$，其中参考通道中直达波的能量通常远远高于多径回波的能量，即 $\alpha_p' \ll 1$，$p = 1,2,\cdots,N_T$；$r_m(t-\tau)$ 为对应第 m 个脉冲的相关函数的系数，其计算过程可以用式（5-4）来描述：

$$r_m(t-\tau) = \int_0^{T_r} u_m(\eta) u_m^*(\eta - t + \tau) \mathrm{d}\eta \tag{5-4}$$

其中，当 $t = \tau$ 时，$r_m(t-\tau) = 1$；当 $t \neq \tau$ 时，$r_m(t-\tau)$ 的存在表现为第 4 章所讨论的随机距离旁瓣的影响。为了详细分析机载外辐射源雷达系统中不纯净参考信号下的杂波抑制方法，本书假设随机距离旁瓣可以忽略（对于脉冲体制雷达是成立的），或者随机距离旁瓣的影响已由第 4 章介绍的方法得到消除。因此，由式（5-3）可知，对应第 n 个阵元第 i 个散射点的反射回波信号经过匹配滤波后的输出响应可以分为两部分。第一

部分为该散射点回波与直达波信号的匹配结果，匹配结果在第 m 个脉冲在距离门 $\left(l-l_d\right)=\left(\tau_l-\tau_d\right)f_s$ 上的输出可以表示为

$$\chi_{nmd,i}=\varepsilon_{l,i}\mathrm{e}^{\mathrm{j}2\pi n\vartheta_i}\mathrm{e}^{\mathrm{j}2\pi m\varpi_{\mathrm{d},i}} \tag{5-5}$$

其中，$\varpi_{d,i}=T_r\left(f_i-f_d\right)=\varpi_i-\varpi_d$。

相应地，第二部分为该散射点回波与多径回波的匹配结果，匹配结果在第 m 个脉冲在距离门 $\left(l-l_p\right)=\left(\tau_l-\tau_p\right)f_s$ 上的输出可以表示为

$$\chi_{nmp,i}=\alpha_p{}'\varepsilon_{l,i}\mathrm{e}^{\mathrm{j}2\pi n\vartheta_i}\mathrm{e}^{\mathrm{j}2\pi m\varpi_{p,i}} \tag{5-6}$$

其中，$\varpi_{p,i}=T_r\left(f_i-f_p\right)=\varpi_i-\varpi_p$。

将匹配滤波后对应于同一距离门的所有 N 个阵元 M 个脉冲的数据按照慢时间顺序进行列排，则得到一次快拍数据。通过上面的分析可知，待检测距离门 l 的干扰空时快拍数据由直达波杂波快拍、多径杂波快拍和噪声组成。位于延时单元 $l+l_d$ 的所有散射点反射信号和直达波进行距离匹配后，可得到待检测距离门 l 的直达波杂波快拍为

$$\boldsymbol{\chi}_{dc,l}=\sum_{i=1}^{N_c}\varepsilon_{l+l_d,i}\boldsymbol{v}\left(\varpi_{d,i},\vartheta_i\right)=\sum_{i=1}^{N_c}\varepsilon_{l+l_d,i}\boldsymbol{v}_s\left(\vartheta_i\right)\otimes\boldsymbol{v}_t\left(\varpi_{d,i}\right) \tag{5-7}$$

其中，N_c 表示单个距离环中杂波散射点的个数；$\boldsymbol{v}\left(\varpi_{d,i},\vartheta_i\right)$ 表示 $MN\times1$ 的空时导向矢量；$N\times1$ 维空间导向矢量和 $M\times1$ 维时间导向矢量分别表示为

$$\boldsymbol{v}_s\left(\vartheta\right)=\left[1,\mathrm{e}^{\mathrm{j}2\pi\vartheta},\cdots,\mathrm{e}^{\mathrm{j}2\pi(N-1)\vartheta}\right]^{\mathrm{T}} \tag{5-8}$$

$$\boldsymbol{v}_t\left(\varpi\right)=\left[1,\mathrm{e}^{\mathrm{j}2\pi\omega},\cdots,\mathrm{e}^{\mathrm{j}2\pi(M-1)\varpi}\right]^{\mathrm{T}} \tag{5-9}$$

对应的，位于延时单元 $l+l_p$ 的所有杂波散射点回波信号和参考通道中第 p 个多径信号进行距离匹配后，得到待检测距离门 l 的第 p 个多径杂波快拍。那么，总的多径杂波空时快拍为

$$\sum_{p=1}^{N_T}\boldsymbol{\chi}_{pc,l}=\sum_{p=1}^{N_T}\alpha_p{}'\sum_{i=1}^{N_c}\varepsilon_{l+l_p,i}\boldsymbol{v}\left(\varpi_{p,i},\vartheta_i\right) \tag{5-10}$$

因此，待检测距离门 l 的干扰快拍信号为

$$\boldsymbol{\chi}_l=\boldsymbol{\chi}_{dc,l}+\sum_{p=1}^{N_T}\boldsymbol{\chi}_{pc,l}+\boldsymbol{\chi}_n \tag{5-11}$$

其中，$\boldsymbol{\chi}_n$ 为高斯白噪声。通常假设上述三个分量是统计独立不相关的，因此，接收到的干扰协方差矩阵可以写成

$$R_\chi = \mathrm{E}\left\{\boldsymbol{\chi}_l \boldsymbol{\chi}_l^{\mathrm{H}}\right\} = \boldsymbol{R}_d + \sum_{p=1}^{N_T} \boldsymbol{R}_p + \boldsymbol{R}_n \tag{5-12}$$

其中，$\boldsymbol{R}_d$、$\boldsymbol{R}_p$ 和 $\boldsymbol{R}_n$ 分别为直达波杂波协方差、第 p 个多径杂波协方差和噪声协方差矩阵。因此，STAP 权矢量可通过下式进行计算

$$\boldsymbol{w}_\chi = \frac{R_\chi^{-1} \boldsymbol{v}\left(\varpi_t, \vartheta_t\right)}{\boldsymbol{v}^{\mathrm{H}}\left(\varpi_t, \vartheta_t\right) R_\chi^{-1} \boldsymbol{v}\left(\varpi_t, \vartheta_t\right)} \tag{5-13}$$

其中，$\boldsymbol{v}\left(\varpi_t, \vartheta_t\right) = v_s\left(\vartheta_t\right) \otimes v_t\left(\varpi_t\right)$ 表示目标的空时导向矢量，ϖ_t 和 ϑ_t 分别为目标的多普勒频率和空间频率。

从上述分析可以看出，不同于纯净参考信号的情况，参考信号中多径信号的存在会影响检测单元的背景杂波。利用含有多径杂波成分的快拍样本来计算协方差矩阵，杂波子空间将被扩展。当待检测目标信号与多径杂波成分含有相同的多普勒频率和空间频率时，直接利用 STAP 算法会将目标信号当成杂波进行抑制（即目标自相消现象）。因此，为了克服多径杂波成分的影响，需要寻求一种级联杂波相消方法，即在 STAP 处理之前对多径杂波成分进行有效抑制。

5.2 级联杂波相消算法

5.2.1 多径杂波成分的稀疏观测模型

本节分析了多径杂波成分与直达波杂波成分之间的内在联系，构造了多径杂波成分的观测模型，并详细讨论了多径杂波成分在字典矩阵中的稀疏特性。

由式（5-10）可知，待检测距离门 l 的第 p 个多径杂波快拍可以表示为

$$\boldsymbol{\chi}_{pc,l}=\alpha_p{}'\sum_{i=1}^{N_c}\varepsilon_{l+l_p,i}\boldsymbol{v}\left(\varpi_{p,i},\vartheta_i\right)=\alpha_p{}'\left(\sum_{i=1}^{N_c}\varepsilon_{l+l_p,i}\boldsymbol{v}\left(\varpi_{d,i},\vartheta_i\right)\right)\odot\boldsymbol{\gamma}_p \tag{5-14}$$

其中，导向矢量 $\boldsymbol{\gamma}_p=1_{N\times1}\otimes\boldsymbol{v}_{\mathrm{t}}\left(\varpi_p-\varpi_d\right)$，$1_{B\times C}$ 表示所有元素均为 1 的 $B\times C$ 维矩阵，并且导向矢量只与多普勒频率有关。由上节分析可知距离门 $l+\left(l_p-l_{\mathrm{d}}\right)$ 的直达波杂波成分为 $\boldsymbol{\chi}_{dc,l+\left(l_p-l_d\right)}=\sum_{i=1}^{N_c}\varepsilon_{l+l_p,i}\boldsymbol{v}\left(\varpi_{d,i},\vartheta_i\right)$，所以上式可以改写成

$$\begin{aligned}\boldsymbol{\chi}_{pc,l}&=\alpha_p{}'\boldsymbol{\chi}_{dc,l+\left(l_p-l_d\right)}\odot\boldsymbol{\gamma}_p\\&=\alpha_p{}'\boldsymbol{\chi}_{l+\left(l_p-l_d\right)}\odot\boldsymbol{\gamma}_p-\alpha_p{}'\boldsymbol{\chi}_n\odot\boldsymbol{\gamma}_p-\alpha_p{}'\sum_{\bar{p}=1}^{N_T}\alpha_{\bar{p}}{}'\boldsymbol{\chi}_{dc,l+\left(l_p+l_{\bar{p}}-2l_d\right)}\odot\boldsymbol{\gamma}_{\bar{p}}\odot\boldsymbol{\gamma}_p\end{aligned} \tag{5-15}$$

其中，$\alpha_{\bar{p}}{}'\boldsymbol{\chi}_{dc,l+\left(l_p+l_{\bar{p}}-2l_d\right)}\odot\boldsymbol{\gamma}_{\bar{p}}$ 为位于距离门 $l+\left(l_p-l_d\right)$ 的第 $\bar{p}$ 个多径杂波成分快拍。由于匹配滤波后的噪声功率远远小于多径杂波成分的功率，在分析中可以忽略噪声项的影响，即式（5-15）中第 2 个等式的第 2 项可以忽略不计。因此，式（5-15）可进一步改写为

$$\begin{aligned}\boldsymbol{\chi}_{pc,l}&=\alpha_p{}'\boldsymbol{\chi}_{l+\left(l_p-l_d\right)}\odot\boldsymbol{\gamma}_p-\alpha_p{}'\sum_{\bar{p}=1}^{N_T}\alpha_{\bar{p}}{}'\boldsymbol{\chi}_{dc,l+\left(l_p+l_{\bar{p}}-2l_d\right)}\odot\boldsymbol{\gamma}_{\bar{p}}{}'\\&=\alpha_p{}'\boldsymbol{\chi}_{l+\left(l_p-l_d\right)}\odot\boldsymbol{\gamma}_p-\alpha_p{}'\sum_{\bar{p}=1}^{N_T}\alpha_{\bar{p}}{}'\boldsymbol{\chi}_{l+\left(l_p+l_{\bar{p}}-2l_d\right)}\odot\boldsymbol{\gamma}_{\bar{p}}{}'+\\&\quad\alpha_p\sum_{\bar{p}=1}^{N_T}\alpha_{\bar{p}}{}'\sum_{\bar{\bar{p}}=1}^{N_T}\alpha_{\bar{\bar{p}}}{}'\boldsymbol{\chi}_{dc,l+\left(l_p+l_{\bar{p}}+l_{\bar{\bar{p}}}-3l_d\right)}\odot\boldsymbol{\gamma}_{\bar{\bar{p}}}\odot\boldsymbol{\gamma}_{\bar{p}}\end{aligned} \tag{5-16}$$

其中，导向矢量 $\boldsymbol{\gamma}_{p,\bar{p}}{}'=\boldsymbol{\gamma}_{\bar{p}}\odot\boldsymbol{\gamma}_p$。因为 $\alpha_{\bar{p}}{}'\ll1$ 且 $\alpha_{\bar{\bar{p}}}{}'\ll1$，那么，式（5-16）中的第二个等式第三项的能量会远远低于多径杂波成分的能量。基于此，可以不考虑该项对多径杂波成分的估计以及对后续 STAP 方法目标检测性能的影响，则上式可简化为

$$\boldsymbol{\chi}_{pc,l}=\alpha_p{}'\boldsymbol{\chi}_{l+\left(l_p-l_d\right)}\odot\boldsymbol{\gamma}_p-\alpha_p{}'\sum_{\bar{p}=1}^{N_T}\alpha_{\bar{p}}{}'\boldsymbol{\chi}_{l+\left(l_p+l_{\bar{p}}-2l_d\right)}\odot\boldsymbol{\gamma}_{p,\bar{p}}{}' \tag{5-17}$$

根据第 p 个多径杂波快拍信号的近似表达式，多径杂波成分可以写成

$$\sum_{p=1}^{N_T}\boldsymbol{\chi}_{pc,l}=\sum_{p=1}^{N_T}\alpha_p{}'\left(\boldsymbol{\chi}_{l-\left(l_p-l_d\right)}\odot\boldsymbol{\gamma}_p\right)-\sum_{p=1}^{N_T}\alpha_p{}'\sum_{\bar{p}=1}^{N_T}\alpha_{\bar{p}}{}'\left(\boldsymbol{\chi}_{l+\left(l_p+l_{\bar{p}}-2l_d\right)}\odot\boldsymbol{\gamma}_{p,\bar{p}}{}'\right) \tag{5-18}$$

式（5-18）中$\boldsymbol{\chi}_{l+(l_p-l_d)}\odot\boldsymbol{\gamma}_p$定义为在距离门$l+(l_p-l_d)$的一个修正快拍信号，$\alpha_p{}'$定义为该修正快拍信号的系数。假设检测单元总的多径杂波成分能由D个接收到的快拍数据表示，那么式（5-18）可以改写为

$$\sum_{p=1}^{N_T}\boldsymbol{\chi}_{pc,l}=\sum_{i=1}^{D}\boldsymbol{\chi}_{l+i}=\sum_{i=1}^{D}\sum_{k=1}^{N_i}\beta_{i,k}\left(\boldsymbol{\chi}_{l+i}\odot\boldsymbol{\gamma}_{i,k}\right) \tag{5-19}$$

其中，N_i表示在距离门l+i的修正快拍信号的个数；$\boldsymbol{\chi}_{l+i}\odot\boldsymbol{\gamma}_{i,k}$表示在距离门$l$+$i$第$k$个修正快拍信号；$\beta_{i,k}$为该信号的系数。

由式（5-19）可知，总的多径杂波快拍信号和两个因素有关：其一，接收到的位于第l个距离单元后的快拍数据，即$\boldsymbol{\chi}_{l+i}$，$i=1,\cdots,D$；其二，与多普勒频率有关的导向矢量$\boldsymbol{\gamma}_{i,k}$。为了得到总多径杂波快拍信号的观测模型，将多普勒频率平面划分为$M_t>M$个网格，划分后的多普勒频率定义为ϖ_q，$q=1,\cdots,M_t$。此时，观测模型可以表示为

$$\sum_{p=1}^{N_T}\boldsymbol{\chi}_{pc,l}=\boldsymbol{S}_l\boldsymbol{w} \tag{5-20}$$

其中，权矢量$\boldsymbol{w}=\left[\boldsymbol{w}_1,\boldsymbol{w}_2,\cdots\boldsymbol{w}_{M_tD}\right]^{\mathrm{T}}$；$MN\times M_tD$维的距离 - 多普勒字典$\boldsymbol{S}_l$为

$$\boldsymbol{S}_l=\left[\boldsymbol{S}_{D,l}\odot\varphi_1,\boldsymbol{S}_{D,l}\odot\varphi_2,\cdots,\boldsymbol{S}_{D,l}\odot\varphi_{M_t}\right] \tag{5-21}$$

其中，第q（$q=1,\cdots,M_t$）个修正的时间导向矩阵为

$$\boldsymbol{\varphi}_q=\mathbf{1}_{N\times D}\otimes v_t\left(\varpi_q\right) \tag{5-22}$$

定义D为距离相消阶数，则$MN\times D$维的距离字典矩阵为

$$\boldsymbol{S}_{D,l}=\left[\boldsymbol{\chi}_{l+1},\boldsymbol{\chi}_{l+2},\cdots,\boldsymbol{\chi}_{l+D}\right] \tag{5-23}$$

需要说明的是，当参考通道中的多径信号和直达波信号具有相同的多普勒频率，或者其差值极小且对性能的影响可忽略不计时，多径信号匹配滤波后得到的杂波谱与直达波匹配得到的功率谱是相互重合的。也就是说，此类多径信号不会导致杂波功率谱的展宽，从而不会影响STAP算法的目标检测性能。因此，本书只考虑含有与直达波不同多普勒频率的多径信号的影响。

接下来以推导出的观测模型为基础，分析待恢复的多径杂波成分在

字典矩阵对应的距离－多普勒平面中的稀疏特性。由于尽可能窄的参考波束中的散射点个数是有限的，而在这些有限的多径信号中，几乎所有的多径信号与直达波的多普勒频率仅相差几毫赫兹[170]。这就意味着绝大多数多径信号具有与直达波相同的多普勒频率，并且在后续级联相消处理中可以忽略此类多径信号对 STAP 算法性能的影响。当参考波束照射到的散射点位于一定的高度或者具有一定的速度时，这一极小部分的散射点才具有与直达波不同的多普勒频率，本书研究的也是如何消除这类散射点回波的影响，而这类散射点的数目，即参考信号中多径回波的个数是极少的。此外，只有当两个多径信号都足够强（$\alpha_p{}'$ 和 $\alpha_{\bar{p}}{}'$ 均足够大）时，这两者之间的耦合成分，对应于式（5-18）中的第 2 项，才会影响多径杂波快拍信号的估计。综上所述，权矢量 $\boldsymbol{w}$ 中非零值，即 $\beta_{i,k}$，$i=1,\cdots,D$，$k=1,\cdots,N_i$ 的个数往往远小于字典矩阵的维度，这意味着需要恢复的多径杂波快拍信号在距离多普勒平面上是稀疏分布的，且稀疏度为 DN_i。

5.2.2　多径杂波成分的抑制算法

本节首先基于多径杂波成分的稀疏观测模型，建立了实际可行的最小方差代价函数，然后在此基础上推导了基于 L_1 范数约束的自适应算法来求解最小化问题。

基于推导出的观测模型与稀疏特性分析，可以建立如下稀疏约束的优化问题来估计式（5-20）中权矢量：

$$\min_{\boldsymbol{w}} \mathrm{E}\left\{\left\|\sum_{p=1}^{N_T}\boldsymbol{\chi}_{pc,l}-\boldsymbol{S}_l\boldsymbol{w}\right\|_2^2\right\}+2\kappa\|\boldsymbol{w}\|_1 \tag{5-24}$$

其中，κ 是正则化参数，其决定了权矢量中接近零值的元素个数。在实际处理中无法获得纯净的多径杂波快拍数据，因此无法通过上述优化问题求取权矢量。为了估计多径杂波成分，本书将上式中的多径杂波快拍数据用接收到的训练样本数据替换，通过分析两者之间的联系来实现权矢量的估计。利用接收到的快拍样本数据 $\boldsymbol{\chi}_l=\boldsymbol{\chi}_{dc,l}+\sum_{p=1}^{N_T}\boldsymbol{\chi}_{pc,l}+\boldsymbol{\chi}_n$ 代替上

式中的$\sum_{p=1}^{N_T}\boldsymbol{\chi}_{pc,l}$，可得

$$E\left\{\left\|\boldsymbol{\chi}_l-\boldsymbol{S}_l\boldsymbol{w}\right\|_2^2\right\}=\mathrm{E}\left\{\left\|\boldsymbol{\chi}_{dc,l}+\boldsymbol{\chi}_n+\left(\sum_{p=1}^{N_T}\boldsymbol{\chi}_{pc,l}-\boldsymbol{S}_l\boldsymbol{w}\right)\right\|_2^2\right\} \tag{5-25}$$

因为不同源之间，即杂波和热噪声之间对电磁波的相应幅度是统计独立不相关的，因此满足$\mathrm{E}\left\{\left(\boldsymbol{\chi}_{dc,l}+\boldsymbol{\chi}_n\right)^{\mathrm{H}}\sum_{p=1}^{N_T}\boldsymbol{\chi}_{pc,l}\right\}=0$，$\mathrm{E}\left\{\boldsymbol{\chi}_{dc,l}^{\mathrm{H}}\boldsymbol{S}_l\boldsymbol{w}\right\}=0$，并且有

$$\mathrm{E}\left\{\boldsymbol{\chi}_n^{\mathrm{H}}\boldsymbol{S}_l\boldsymbol{w}\right\}=\mathrm{E}\left\{\boldsymbol{\chi}_n^{\mathrm{H}}\boldsymbol{S}_n\boldsymbol{w}\right\} \tag{5-26}$$

其中，$\boldsymbol{S}_n=\left[\boldsymbol{S}_{D,n}\odot\varphi_1,\cdots,\boldsymbol{S}_{D,n}\odot\varphi_{M_t}\right]$，$\boldsymbol{S}_{D,n}=\boldsymbol{\chi}_n\otimes\mathbf{1}_{1\times D}$。因为$\boldsymbol{S}_n$可以改写为

$$\boldsymbol{S}_n=\left(\boldsymbol{\chi}_n\otimes\mathbf{1}_{1\times M_tD}\right)\odot\boldsymbol{\Phi}=\boldsymbol{\Lambda}_n\boldsymbol{\Phi} \tag{5-27}$$

其中，$MN\times M_tD$维的矩阵$\boldsymbol{\Phi}=\left[\varphi_1,\varphi_2,\cdots,\varphi_{M_t}\right]$；$\boldsymbol{\Lambda}_n$=diag$\left(\boldsymbol{\chi}_n\right)$，所以，式（5-26）可以进一步表示为

$$\mathrm{E}\left\{\boldsymbol{\chi}_n^{\mathrm{H}}\boldsymbol{S}_l\boldsymbol{w}\right\}=\mathrm{E}\left\{\boldsymbol{\chi}_n^{\mathrm{H}}\boldsymbol{\Lambda}_n\boldsymbol{\Phi}\boldsymbol{w}\right\}=\sigma^2\mathbf{1}_{1\times MN}\boldsymbol{\Phi}\boldsymbol{w} \tag{5-28}$$

其中，σ^2表示噪声功率。将式（5-26）代入式（5-23）可得用接收快拍数据替换前后之间的联系为

$$\mathrm{E}\left\{\left\|\boldsymbol{\chi}_l-\boldsymbol{S}_l\boldsymbol{w}\right\|_2^2\right\}=\mathrm{E}\left\{\left\|\sum_{p=1}^{N_T}\boldsymbol{\chi}_{pc,l}-\boldsymbol{S}_l\boldsymbol{w}\right\|_2^2\right\}+C-2\mathrm{Re}\left\{\boldsymbol{\psi}\boldsymbol{w}\right\} \tag{5-29}$$

其中，$\boldsymbol{\psi}=\sigma^2\mathbf{1}_{1\times MN}\boldsymbol{\Phi}$；$C=\mathrm{E}\left\{\left\|\boldsymbol{\chi}_{dc,l}+\boldsymbol{\chi}_n\right\|_2^2\right\}$是与权矢量无关的常数。那么，式（5-24）表示的最优化问题可以由以下最小化问题替换：

$$\min_{\boldsymbol{w}}J\left(\boldsymbol{w}\right)=\min_{\boldsymbol{w}}\mathrm{E}\left\{\left\|\boldsymbol{\chi}_l-\boldsymbol{S}_l\boldsymbol{w}\right\|_2^2\right\}+2\kappa\left\|\boldsymbol{w}\right\|_1+2Re\left\{\boldsymbol{\psi}\boldsymbol{w}\right\} \tag{5-30}$$

展开上述代价函数中的期望可得

$$J\left(\boldsymbol{w}\right)=R_\chi-\left(\boldsymbol{w}^{\mathrm{H}}r_{S\chi}\right)^*-\boldsymbol{w}^{\mathrm{H}}r_{S\chi}+\boldsymbol{w}^{\mathrm{H}}R_S\boldsymbol{w}+2\kappa\left\|\boldsymbol{w}\right\|_1+2Re\left\{\boldsymbol{\psi}\boldsymbol{w}\right\} \tag{5-31}$$

其中，$\boldsymbol{R}_\chi=\mathrm{E}\left\{\boldsymbol{\chi}_l^{\mathrm{H}}\boldsymbol{\chi}_l\right\}$为干扰快拍的协方差矩阵；$\boldsymbol{r}_{S\chi}=\mathrm{E}\left\{\boldsymbol{S}_l^{\mathrm{H}}\boldsymbol{\chi}_l\right\}$为字典矩阵与干扰快拍的相关矢量；$\boldsymbol{R}_S=\mathrm{E}\left\{\boldsymbol{S}_l^{\mathrm{H}}\boldsymbol{S}_l\right\}$为字典矩阵的协方差矩阵。对代价函数求偏导

$$\nabla J=-\boldsymbol{r}_{S\chi}+R_S\boldsymbol{w}+\kappa\mathrm{sign}\left(\boldsymbol{w}\right)+\boldsymbol{\psi}^{\mathrm{H}} \tag{5-32}$$

其中，$\text{sign}(\cdot)$ 为符号函数，定义为 $\text{sign}(x)=\begin{cases} x/|x|, & x\neq 0, \\ 0, & x=0。\end{cases}$ 令上式等于零，可得其最优权矢量为

$$\boldsymbol{w}=\boldsymbol{R}_S^{-1}\left[\boldsymbol{r}_{S\chi}-\kappa\text{sign}(\boldsymbol{w})-\boldsymbol{\psi}^{\text{H}}\right] \tag{5-33}$$

与第 4 章分析一致，上述求得的最优化权矢量不是一个闭合解析解，而 L_1 范数约束的 LMS 算法（L_1-norm-based LMS，L_1-LMS）、L_1 范数约束的 Kalman 滤波算法和 L_1-RLS 算法均可实现多径杂波成分的估计及抑制。折中考虑算法的收敛速度和稳态性能，本节利用 L_1-RLS 算法思想来求解上述最优问题。下面详细描述具体实现过程。

在实际信号处理中往往无法获得准确的协方差矩阵，本书利用指数加权的方式来求取。假设当前为第 k 次迭代，那么迭代关系为

$$\boldsymbol{r}_{S\chi}(k)=\sum_{i=1}^{k}\rho^{k-i}\boldsymbol{S}_i^{\text{H}}\boldsymbol{\chi}_i=\rho \boldsymbol{r}_{S\chi}(k-1)+\boldsymbol{S}_k^{\text{H}}\boldsymbol{\chi}_k \tag{5-34}$$

$$R_S(k)=\sum_{i=1}^{k}\rho^{k-i}\boldsymbol{S}_i^{\text{H}}\boldsymbol{S}_i=\rho R_S(k-1)+\boldsymbol{S}_k^{\text{H}}\boldsymbol{S}_k \tag{5-35}$$

其中，加权因子 ρ 称为遗忘因子。为便于迭代更新的实现，对于式(5-33)，令

$$\boldsymbol{\Gamma}(k)=\left[\boldsymbol{r}_{S\chi}(k)-\kappa\text{sign}(\boldsymbol{w}(k))\right] \tag{5-36}$$

同时，假设相邻两次迭代过程中权矢量的符号变化可以忽略[171]，则 $\boldsymbol{\Gamma}(k)$ 的迭代公式可近似为

$$\boldsymbol{\Gamma}(k)=\rho\boldsymbol{\Gamma}(k-1)+\boldsymbol{S}_k^{\text{H}}\boldsymbol{\chi}_k+\kappa(\rho-1)\text{sign}(\boldsymbol{w}(k-1)) \tag{5-37}$$

从而最优权矢量可以表示为

$$\boldsymbol{w}(k)=R_S^{-1}(k)\boldsymbol{\Gamma}(k)-R_S^{-1}(k)\boldsymbol{\psi}^{\text{H}} \tag{5-38}$$

5.2.3　不纯净参考信号下的级联杂波相消算法

5.2.1 和 5.2.2 节重点研究了多径杂波成分的迭代求取算法，分析与推导了多径杂波成分的稀疏观测模型、基于稀疏约束的代价函数以及权矢量的更新迭代表达式，其目的是在 STAP 方法之前有效解决由不纯净参考信号导致的目标检测性能下降的问题。本书所提的级联相消算法

的思路如下：首先利用迭代得到的权矢量实现多径杂波成分的抑制，那么第一步相消后在距离门 l 处的输出快拍信号可以表示为

$$\boldsymbol{y}_l = \boldsymbol{\chi}_l - \boldsymbol{S}_l \boldsymbol{w} \tag{5-39}$$

然后，利用 STAP 算法实现直达波杂波成分的消除[172-178]。假设 STAP 算法计算得到的权矢量为 $\boldsymbol{w}_y$，那么所提级联相消算法的输出为

$$z_l = \boldsymbol{w}_y^{\mathrm{H}} \boldsymbol{y}_l = \boldsymbol{w}_y^{\mathrm{H}} \left(\boldsymbol{\chi}_l - \boldsymbol{S}_l \boldsymbol{w} \right) \tag{5-40}$$

所提级联相消算法的 Matlab 伪代码总结见表 5. 1 所列。

表5.1　基于多径杂波抑制算法的级联相消方法Matlab伪代码

初始化：
$\mathrm{P}(0) = \delta^{-1}\mathrm{I}$ ，$\mathrm{w}(0) = 0$
多径杂波成分相消权矢量计算
for $\mathrm{k} = 1, 2, \cdots, \mathrm{L_c}$
$\mathrm{S_{D,k}} = \left[\chi_{k+1} \quad \chi_{k+2} \quad \cdots \quad \chi_{k+D} \right]$
$\mathrm{S_k} = \left[\mathrm{S_{D,k}} \odot \varphi_1, \mathrm{S_{D,k}} \odot \varphi_2, \cdots, \mathrm{S_{D,k}} \odot \varphi_{\mathrm{M_t}} \right]$
$\mathrm{r_{S\chi}}(\mathrm{k}) = \rho \mathrm{r_{S\chi}}(\mathrm{k}-1) + \mathrm{S_k^H} \chi_k$
$\mathrm{R_S}(\mathrm{k}) = \rho \mathrm{R_S}(\mathrm{k}-1) + \mathrm{S_k^H} \mathrm{S_k}$
$\Gamma(\mathrm{k}) = \rho \Gamma(\mathrm{k}-1) + \mathrm{S_k^H} \chi_k + \kappa(\rho - 1)\mathrm{sign}\left(\mathrm{w}(\mathrm{k}-1)\right)$
$\mathrm{w}(\mathrm{k}) = \mathrm{R_S^{-1}}(\mathrm{k}) \Gamma(\mathrm{k}) - \mathrm{R_S^{-1}}(\mathrm{k}) \psi^{\mathrm{H}}$
end
级联相消算法
for $\mathrm{l} = 1, 2, \cdots, \mathrm{K}+1$
$\mathrm{y_l} = \chi_l - \mathrm{S_l w}(\mathrm{L_c})$
end
$\mathrm{z_l} = \mathrm{w_y^H y_l} = \mathrm{w_y^H}\left(\chi_l - \mathrm{S_l w} \right)$

5.2.4　仿真实验与分析

本节将对所提方法进行仿真验证，选取地面数字电视信号作为机载外辐射源雷达系统的照射源，信号载频为 600 MHz，信号带宽为 8 MHz。仿真中利用随机信号来近似发射信号，采样频率设为 10 MHz。接收平台的运动速度为 100 m/s，接收载机上设有 10 个天线阵元接收回波信号，阵元间距为半波长。在一个相干积累时间，对接收到的回波信号和参考信号均匀分段，分段后等效为 10 个脉冲信号，等效脉冲重复周期为 2. 5 ms。参考通道中含有三个多径信号，这三个多径信号的相对延时单元（相对于直达波的延时单元）分别为 2、3、5，对应的归一化多普勒频率分别为 0. 4、0. 3、0. 2。直达波的归一化多普勒频率为 0. 5，直噪比（直达波与噪声能量之比）为 70 dB，多径信号与直达波能量之比（multipath signal to direct path signal ratio, MDR）为 −26 dB。单个脉冲，单个通道的接收机热噪声的功率为 1，多径杂波成分相消权矢量的初始值均为零矢量，字典协方差矩阵的逆矩阵的初始值设置为 $\delta^{-1}I$，δ设为 0. 01。仿真结果都由 100 次蒙特卡洛仿真实验获得。

仿真实验一：参数 M_t 对所提级联相消算法的影响分析。

图 5. 3 给出了所提方法的 SINR 损失性能随参数 M_t 的变化情况。图中的变化曲线表明，杂波相消性能随 M_t 取值的增大而提升，当 $M_t \geqslant 11$ 时，性能提升不再明显。该结果表明当划分的多普勒网格不够密时，将会产生估计杂波快拍与实际快拍模型的偏差，导致性能下降。此外，从前面的分析可以看出，M_t 增大，网格划分得越密，越多的多普勒频率用来表示多径杂波成分，且权矢量求取所需的运算量越大。因此，M_t 的选取需要折中考虑杂波相消性能和算法复杂度。在以下的仿真实验中，M_t 的值设定为 11。

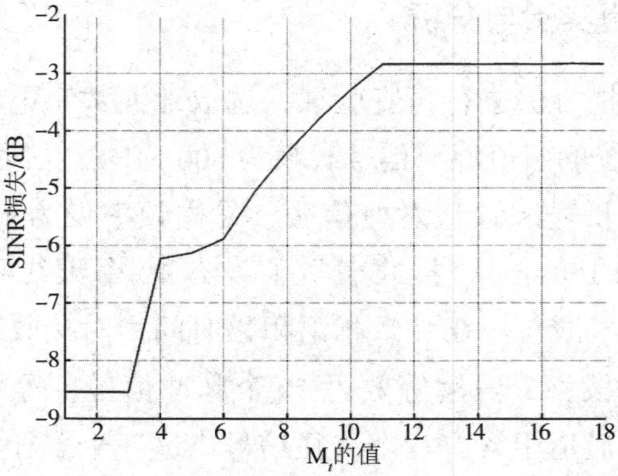

图 5.3 所提算法的 SINR 损失性能随参数 M_t 的变化曲线图

仿真实验二：参数 D 对所提级联相消算法的影响分析

第二个仿真实验主要考察了参数 D 的选取与级联算法的 SINR 损失性能之间的关系，如图 5.4 所示。图中结果表明，$D \geqslant 5$ 时，所提算法可以得到较优的杂波相消性能。此时，距离相消阶数不小于最大的多径相对延时单元，构造的距离－多普勒字典矩阵可以完全表示多径杂波快拍信号。另一方面，距离相消阶数的增大会扩大字典矩阵维数，从而大大增加相消算法的运算复杂度。与参数 M_t 的选取类似，D 的选取需要综合考虑相消性能和计算复杂度，因此在下面的仿真算法中，选取距离相消阶数 $D=5$。

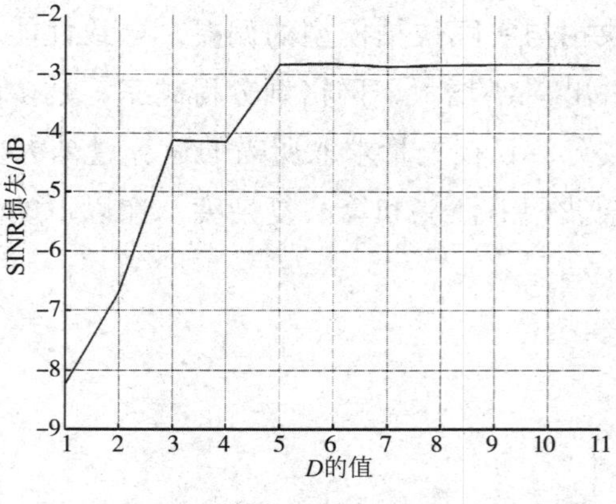

图 5.4 所提算法的 SINR 损失性能随参数 D 的变化曲线图

仿真实验三：正则化参数对所提级联相消算法的影响分析。

图 5.5 给出了不同正则化参数值 $\kappa = 50,\ 70,\ 90,\ 110$ 所对应的输出 SINR 损失性能。仿真结果表明，正则化参数太大或者太小都无法同时保证较优的收敛速度和抑制性能。导致该现象的原因如下：一方面，正则化参数逐渐增大时，代价函数中最小输出功率的比重减小，导致多径杂波抑制性能下降。另一方面，正则化参数逐渐减小时，权矢量受稀疏约束的影响逐渐减小，收敛性将变慢，需要更多的训练样本。因此，如何选取最优的正则化参数是加快收敛速度和保证抑制性能的关键，下一节将详细分析该参数的影响以及自适应选取方法。基于图 5.5 所示的仿真结果，设定正则化参数 $\kappa = 70$ 。

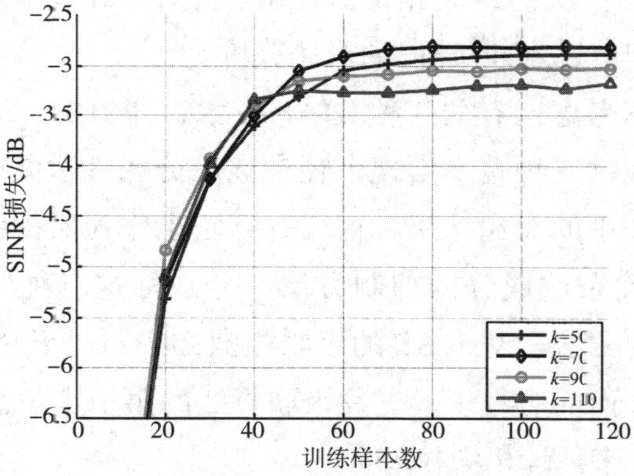

图 5.5　不同正则化参数条件下的所提算法 SINR 损失性能

仿真实验四：遗忘因子 ρ 对所提级联相消算法的影响分析。

为了分析遗忘因子对所提级联相消算法性能的影响，考察了不同遗忘因子 $\rho = 0.9,\ 0.93,\ 0.95,\ 0.99$ 所对应的输出 SINR 损失性能，仿真结果如图 5.6 所示。图中结果表明，较大或较小的 ρ 值都无法同时保证最优的收敛速度和抑制性能。这是因为较大的遗忘因子使更多过去时刻的输入快拍信号影响多径杂波成分的估计，从而导致收敛速度下降，估计误差减小，级联方法的抑制能力提高，反之则收敛速度加快，抑制能力降低。因此，在后续的仿真实验中取 $\rho = 0.95$ 。

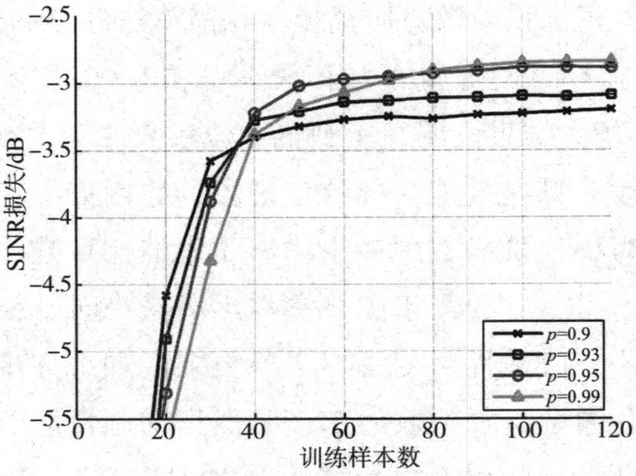

图 5.6　不同遗忘因子下的所提算法输出 SINR 损失性能

仿真实验五：所提级联相消方法和已有 STAP 方法的杂波功率谱、SINR 损失性能及目标检测性能的对比分析。

仿真实验五考虑已有的三种 STAP 技术，即 JDL、ST 和 SR-STAP，已有方法是利用这三种技术实现多径杂波成分和直达波杂波成分的同时相消。为得到公平的对比结果，这三种算法也作为所提级联相消方法中的第二步直达波杂波成分的抑制方法，分别称这三种级联方法为基于 JDL 的级联相消方法、基于 ST 的级联相消方法和基于 SR-STAP 的级联相消方法。在下面的仿真中，三种级联算法的第一步相消过程均利用 80 个空时快拍数据来估计相消权矢量。

图 5.7（a）～图 5.7（f）给出了六种方法对应的杂波功率谱。其中图 5.7（a）和图 5.7（b）表示分别利用 JDL 和基于 JDL 的级联相消方法的杂波谱。仿真实验中波束通道和多普勒通道均设为 3，用来估计 STAP 权矢量的训练样本数均为 25。图 5.7（c）和图 5.7（d）表示分别利用 ST 和基于 ST 的级联相消方法的杂波谱，用来估计 STAP 权矢量的训练样本数均为 80。图 5.7（e）和图 5.7（f）分别利用 SR-STAP 和基于 SR-STAP 方法的级联相消算法，这两种方法中将角度和多普勒平面均划分为 101 个单元，估计 STAP 权矢量的训练样本数为 20。从图中可以看出，相对于所提级联相消算法来说，已有方法空时杂波谱均存在展宽，展宽区域对应于多径杂波成分的分布范围。仿真结果表明参考信号中的

多径信号会影响背景干扰，同时证明了所提的多径杂波成分相消算法的必要性和有效性。

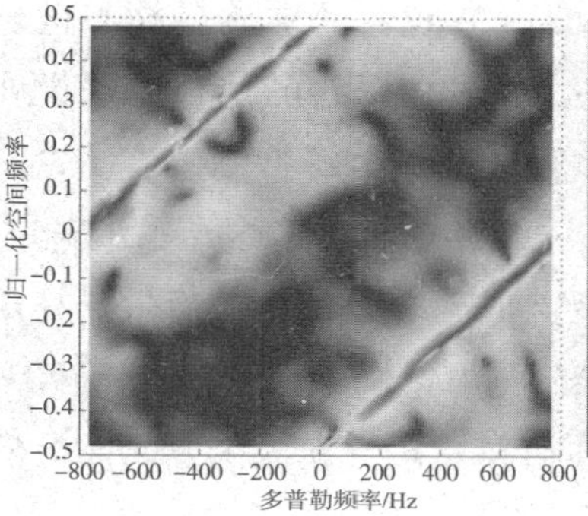

（a）JDL

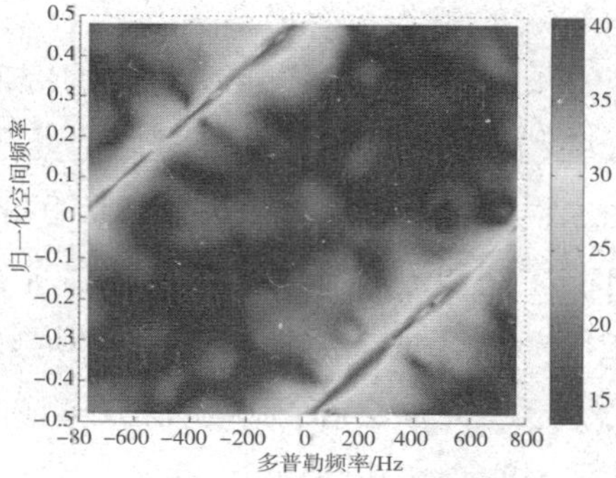

（b）基于 JDL 的级联相消方法

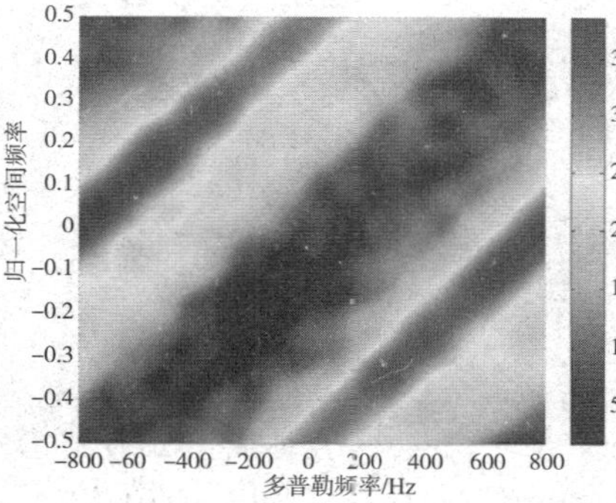

（c）ST

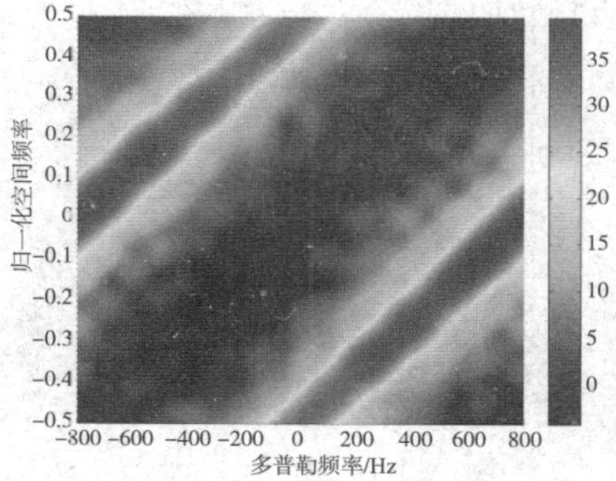

（d）基于 ST 的级联相消方法

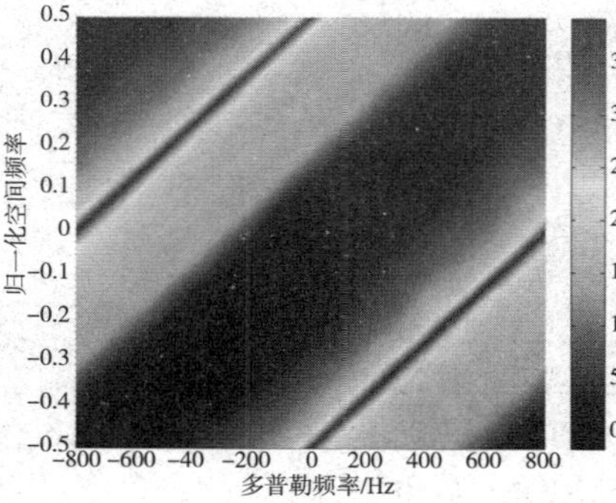

（e）SR-STAP

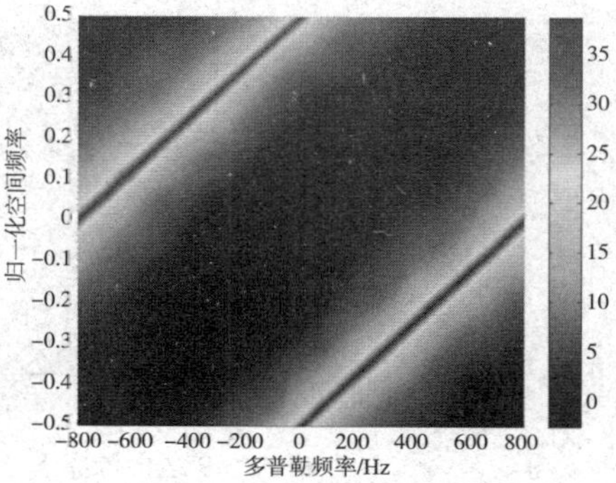

（f）基于 SR-STAP 的级联相消方法

图 5.7　杂波空时功率谱

图 5. 8 为输出 SINR 损失与目标不同多普勒频率之间的关系曲线。图中的结果同样表明三种所提的级联相消算法仅在直达波杂波区域有较深的零陷，而已有方法还在多径杂波成分所在的多普勒频率区域（-160 ~ -80 Hz）产生比对应的级联方法深 7dB 左右的凹口。这说明级联相消方法在 STAP 处理之前能实现多径杂波成分的抑制，该结论与图 5. 7 所示结果一致。另外，级联相消方法能有效消除直达波杂波成分，已有方法能同时抑制多径杂波和直达波杂波成分，并且获得与级联算法相同的直达波杂波抑制性能，但当目标多普勒频率位于 -160 ~ -80 Hz 时，已有方法会在抑制杂波的同时把目标消除，而所提级联方法能有效克服目标自相消问题。

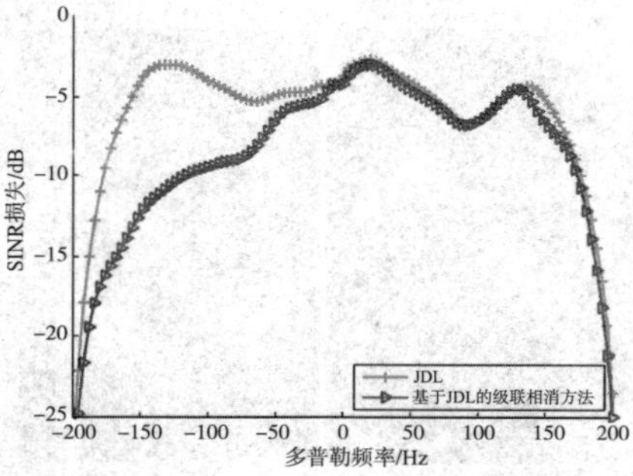

(a) JDL 与基于 JDL 的级联相消方法

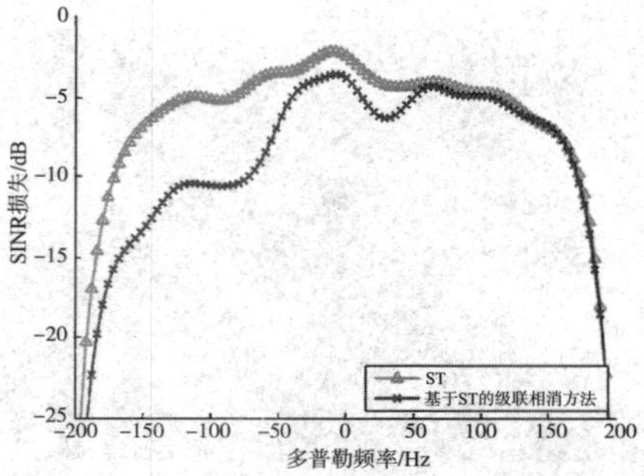

(b) ST 与基于 ST 的级联相消方法

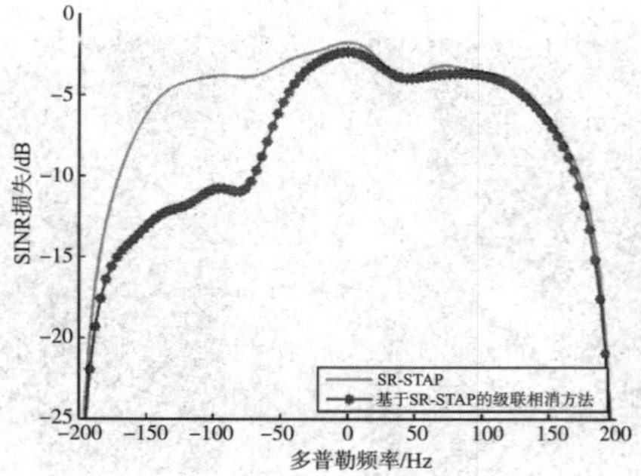

(c) SR-STAP 与基于 SR-STAP 的级联相消方法

图 5.8　SINR 损失与多普勒频率的关系曲线

不同方法的归一化输出功率随距离单元的变化曲线如图 5. 9 所示。

待检测的目标位于第 351 个距离单元，目标的相对（相对于直达波）多普勒频率为 -120Hz，即该目标位于多径杂波成分所在区域。

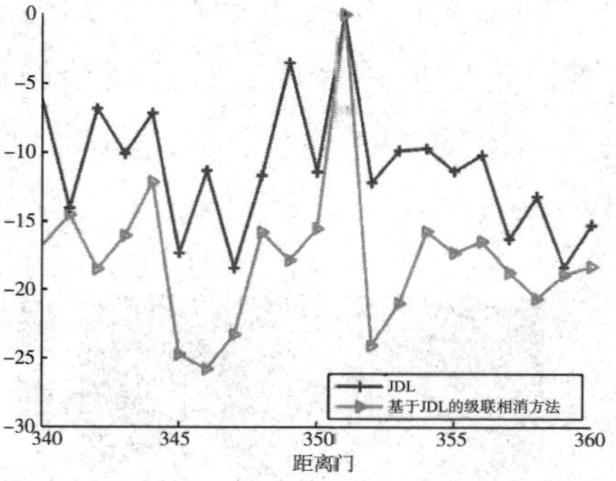

（a）JDL 与基于 JDL 的级联相消方法

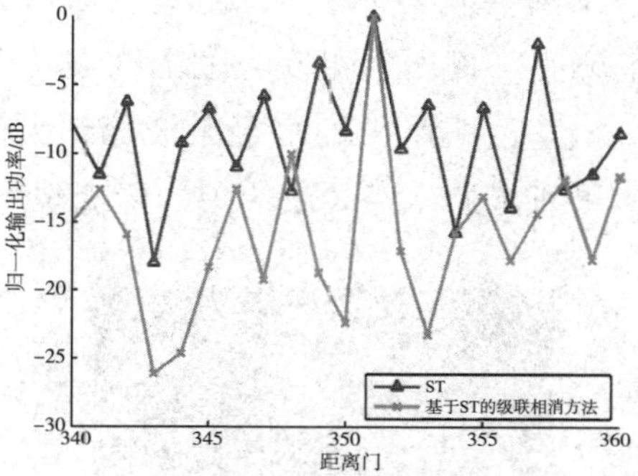

（b）ST 与基于 ST 的级联相消方法

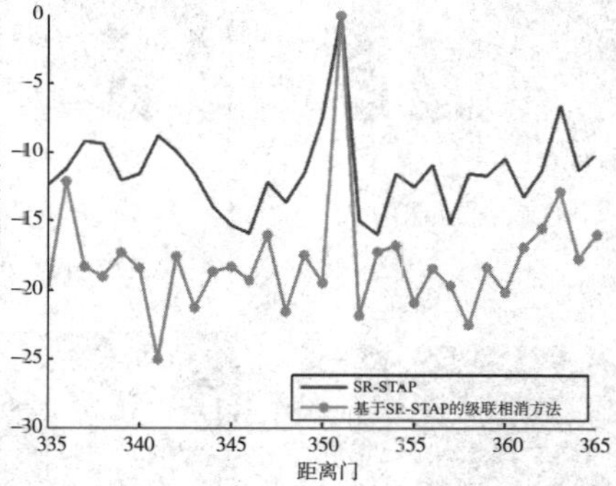

（c）SR-STAP 与基于 SR-STAP 的级联相消方法

图 5.9　目标检测性能

仿真结果表明六种方法均能检测到目标，但与相应的已有方法对比，所提方法均能获得更好的目标检测性能。该结果证实了所提的多径杂波成分相消方法的有效性，同时表明所提级联相消方法能有效克服不纯净参考信号导致的目标自相消问题，提高目标检测性能。

仿真实验六：不同多径信号强度下已有方法和级联方法的性能对比分析。

第六个实验主要对比分析了不同多径信号强度对已有方法和所提方法的性能。首先对比了当 MDR=-20 dB 和 MDR=-30 dB 时 SR-STAP 与基于 SR-STAP 的级联相消方法的空时杂波谱，仿真结果如图 5.10 所示。可以发现，由于 SR-STAP 方法没有对多径杂波成分单独抑制，STAP 估计出的杂波功率受参考通道中多径信号的影响，并且随着 MDR 的增大而增强，而所提级联方法的杂波功率谱仍呈现且只呈现出直达波杂波成分。这说明所提的多径杂波相消方法基本不受 MDR 的影响，同时也证实了所提的多径杂波快拍的稀疏观测模型的合理性。

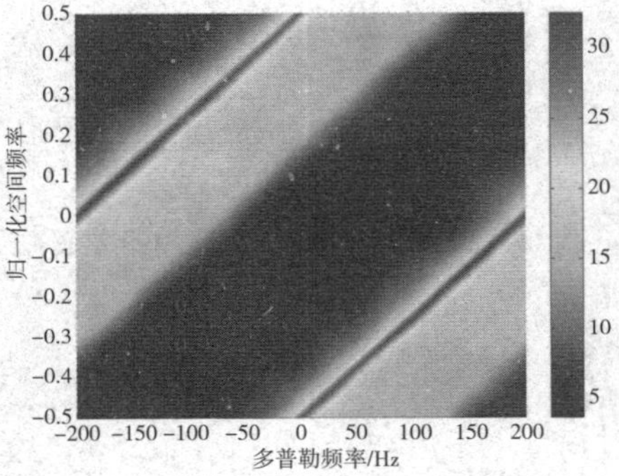

(a) SR-STAP 方法（MDR=-20 dB）

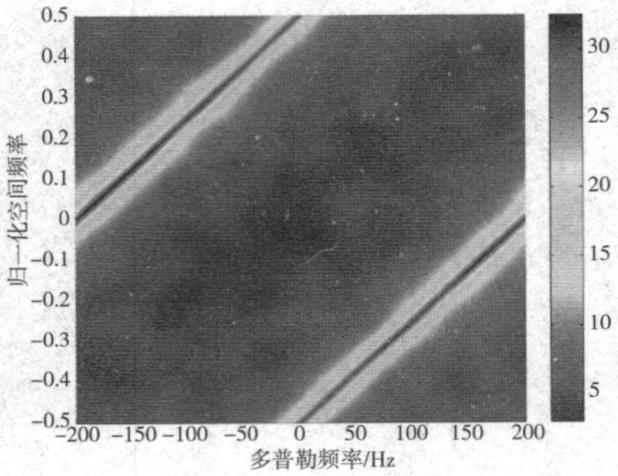

(b) 基于 SR-STAP 的级联相消方法（MDR=-20 dB）

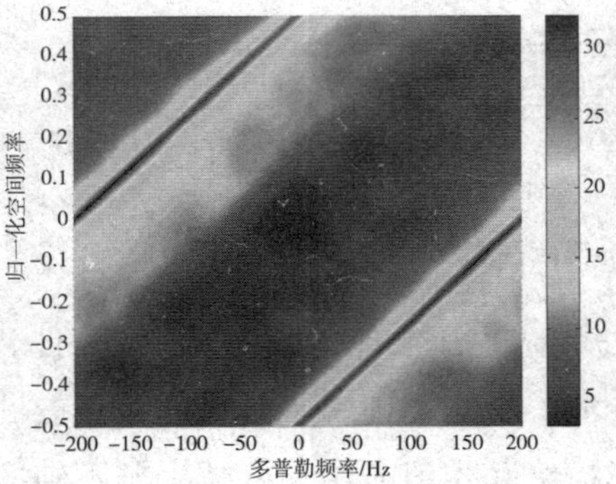

(c) SR-STAP 方法（MDR=-30 dB）

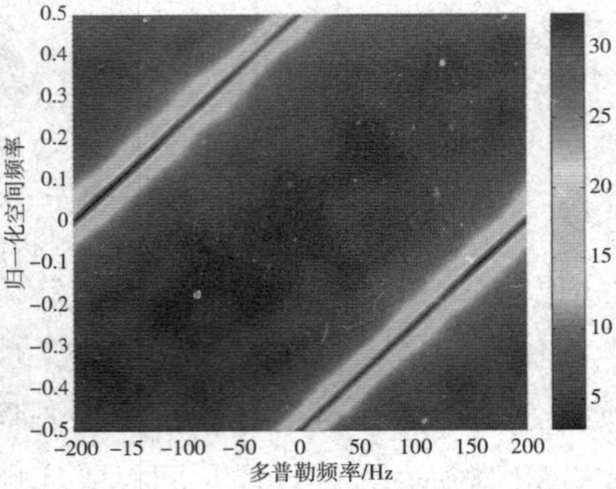

(d) 基于 SR-STAP 的级联相消方法（MDR=-30 dB）

图 5.10 杂波空时功率谱

图 5.11 给出了 SR-STAP 和基于 SR-STAP 的级联相消方法在两种多径强度下的 SINR 损失性能和目标检测性能。其中，图 5.11(a) 分析了两种算法的 SINR 损失性能。仿真结果表明，随着多径强度的增大，已有方法在多径杂波区域处的凹口加深，而级联相消方法在两种情况下均能获得较优的 SINR 损失性能。图 5.11(b) 表示两种方法的目标检测性能。从中可以看出，当 MDR 较大时，SR-STAP 方法无法有效检测目标，而所提级联相消方法的检测性能基本不受 MDR 的影响。

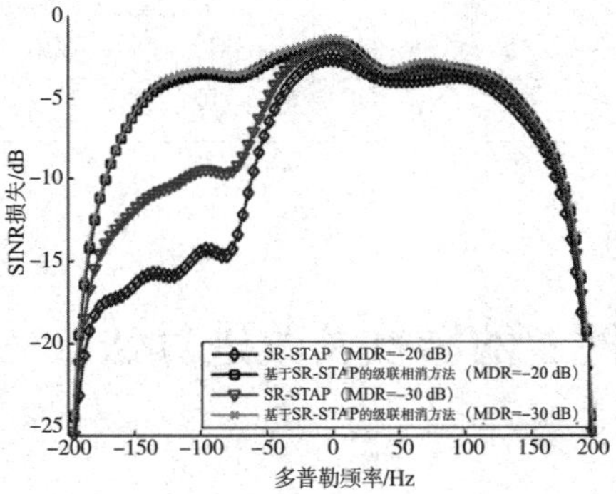

(a) SINR 损失性能

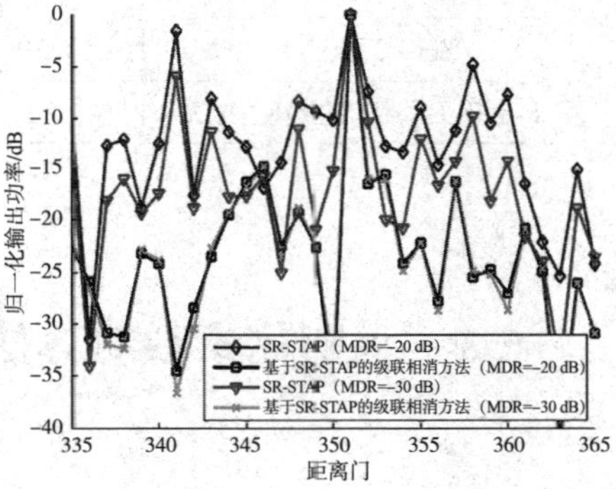

(b) 目标检测性能

图 5.11　SINR 损失性能和目标检测性能

为定量分析不同 MDR 下各方法的抑制性能，表 5.2 给出了 6 种方法在目标多普勒频率处的输出 SINR 损失值。从表中可以看出，已有方法的输出 SINR 损失值随着多径强度的减小而增大，而已有方法即使在强 MDR 的情况下仍能获得较好的 SINR 损失性能。表明已有方法的目标检测性能受多径信号强度的影响，而所提方法能有效解决不同 MDR 下不纯净参考信号带来的目标自相消问题。

表5.2　不同MDR下在目标多普勒频率处的输出SINR损失值

单位：dB

MDR 方法	−15	−20	−30	−40	−45
JDL	−18.12	−13.29	−7.23	−3.96	−3.96
基于 JDL 的级联方法	−3.92	−3.93	−3.92	−3.95	−3.92
ST	−17.91	−13.20	−6.92	−3.49	−3.45
基于 ST 的级联方法	−3.45	−3.40	−3.40	−3.42	−3.41
SR−STAP	−17.20	−12.45	−6.31	−3.33	−3.26
基于 SR−STAP 的级联方法	−3.32	−3.25	−3.26	−3.26	−3.25

5.3　正则化参数对算法性能的影响及改进算法

5.3.1　正则化参数对算法性能的影响

基于前面的分析，正则化参数的大小决定了相消权矢量中近似零值的元素个数，影响算法的收敛速度和稳态性能。虽然在 5. 2 节中给出了利用 SINR 损失性能选择合适正则化参数的方法，但如何在每次迭代过程中均选取最优参数值仍是求解权矢量的关键。5. 2 节通过对比 SINR 损失性能选取固定正则化参数的方法无法保证在每次迭代过程中都能获得最优权矢量。基于此，本节提出了以下两种方法。

其一，根据先验知识选择一些可能的正则化参数作为候选值，然后在每次迭代过程中根据代价函数从候选值中选择最合适的正则化参数。该方法存在的弊端是由先验知识确定的候选值不一定十分适合实际的变化场景，换句话说，从候选值中选择的只是相对的最优参数值而非绝对的最优值。此外，观测误差的存在导致该方法无法保证每次迭代都能选择到最优的权矢量。

其二，利用联合迭代的方式在每次迭代过程中自适应调整正则化参数。具体来说，根据最小方差准则建立关于正则化参数的目标函数，对每一次迭代，正则化参数和权值矢量交替更新。该方法在每次迭代中自适应地选择最优正则化参数，克服了方式一存在的候选值不满足实际场景的问题[179]。

综上所述，为克服固定正则化参数引起的性能下降问题，本书采用联合迭代的方式实现权值矢量的估计和每次迭代最优正则化参数的求取[180-181]，从而更好地消除不纯净直达波对 STAP 检测能力的影响。

5.3.2 基于联合迭代的级联杂波相消算法

第 5. 2 节利用 L_1-RLS 算法思想并选取固定的正则化参数来得到多径杂波相消权矢量的迭代公式，但由于固定的正则化参数会影响收敛速度，本小节提出基于正则化参数和多径杂波联合的估计算法。基于联合估计算法的级联相消方法的基本流程如下：首先，利用 L_1-RLS 算法思想推导出权矢量的迭代公式，并自适应地更新正则化参数，此时权矢量和正则化参数交替迭代。其次，利用得到的多径杂波相消权矢量对多径杂波成分进行抑制，并利用 STAP 方法消除直达波杂波成分，实现目标检测。因第 5. 2 节已对多径杂波估计和两步相消处理做了详细分析，这里不再重复说明，本节主要分析正则化参数的更新过程。

为避免混淆，本节中的迭代次数用字母 l 表示。假设第 l 次迭代的正则化参数为 $\kappa(l)$，那么在 5. 2 节推导得到的权矢量迭代公式的基础上，利用最小方差准则[176]可以构造如下的代价函数：

$$\min_{\kappa(l)} J_1(\kappa) = \min_{\kappa(l)} \left\| \boldsymbol{\chi}_l - \boldsymbol{S}_l \boldsymbol{w}(l) \right\|_2^2 \tag{5-41}$$

为得到正则化参数的迭代公式，对上式求偏导，并令其等于零，即

$$\frac{\partial \left\| \boldsymbol{\chi}_l - \boldsymbol{S}_l \boldsymbol{w}(l) \right\|_2^2}{\partial \kappa} = 0 \tag{5-42}$$

将式（5-38）得到的权矢量迭代公式带入上式（5-42），得到第 k 次迭代的正则化参数为

$$\kappa(l)=Re\left\{\text{sign}\left(\boldsymbol{w}^{\text{H}}(l-1)\right)P^{\text{H}}(l)\boldsymbol{S}_l^{\text{H}}(\rho-1)\cdot\right.$$
$$\left.\left[\boldsymbol{\chi}_l-\boldsymbol{S}_l\left(\boldsymbol{w}(l-1)+\boldsymbol{g}(l)\text{e}(l)-P(l)\boldsymbol{\psi}^{\text{H}}\right)\right]\right\}/ \tag{5-43}$$
$$\left\|(\rho-1)\boldsymbol{S}_l P(l)\text{sign}\left(\boldsymbol{w}(l-1)\right)\right\|_2^2$$

基于正则化参数和多径杂波联合估计的级联相消方法 Matlab 伪代码见表 5.3 所列。

表5.3　基于正则化参数和多径杂波联合估计的级联相消方法Matlab伪代码

初始化：
$\text{P}(0)=\delta^{-1}\text{I}$ ，$\text{w}(0)=0$
基于联合估计的多径杂波成分相消权矢量计算
for $l=1,2,\cdots,\text{L}_c$
$\text{S}_{\text{D},1}=[\chi_{l+1}\quad\chi_{l+2}\quad\cdots\quad\chi_{l+\text{D}}]$
$\text{S}_l=\left[\text{S}_{\text{D},l}\odot\varphi_1,\text{S}_{\text{D},l}\odot\varphi_2,\cdots,\text{S}_{\text{D},l}\odot\varphi_{\text{M}_t}\right]$
$r_{\text{S}\chi}(k)=\rho r_{\text{S}\chi}(k-1)+\text{S}_k^{\text{H}}\chi_k$
$\text{R}_\text{S}(k)=\rho\text{R}_\text{S}(k-1)+\text{S}_k^{\text{H}}\text{S}_k$
利用式（5-43）求 $\kappa(l)$
$\Gamma(k)=\rho\Gamma(k-1)+\text{S}_k^{\text{H}}\chi_k+\kappa(l)(\rho-1)\text{sign}\left(\text{w}(k-1)\right)$
$\text{w}(k)=\text{R}_\text{S}^{-1}(k)\Gamma(k)-\text{R}_\text{S}^{-1}(k)\psi^{\text{H}}$
end
级联相消算法
for $l=1,2,\cdots,\text{K}+1$
$\text{y}_l=\chi_l-\text{S}_l\text{w}(\text{L}_c)$
end
$z_l=\text{w}_\text{y}^{\text{H}}\text{y}_l=\text{w}_\text{y}^{\text{H}}\left(\chi_l-\text{S}_l\text{w}\right)$

5.3.3　仿真实验与分析

在本节仿真实验中，仍以 DVB-T 信号作为发射信号，并用随机信号作为 DVB-T 信号的近似表示，仿真参数与 5.2.4 节一致，MDR 为 -26 dB，目标的相对多普勒频率设为 -120 Hz。本节主要对比分析了两种级联相消方法的杂波抑制和目标检测性能，即基于联合估计算法的级联相消方法和基于多径杂波估计的级联相消方法。这两种级联相消方法的第一步相消分别利用多径杂波估计算法和联合估计算法实现，第二步均采用 SR-STAP 技术来对消直达波杂波成分。

仿真实验一：对正则化参数的取值分布的分析。

基于联合估计算法的级联相消方法的正则化参数取值随训练样本数的变化情况如图 5.12 所示。从图中可以看出，正则化参数是一个离散的变量。不同于基于多径杂波抑制算法的级联相消方法，该方法中的正则化参数不再固定不变，而是根据每次空时快拍数据自适应地更新。因此，与基于多径杂波估计的级联相消方法相比，基于联合估计的级联方法能获得更好的收敛速度。

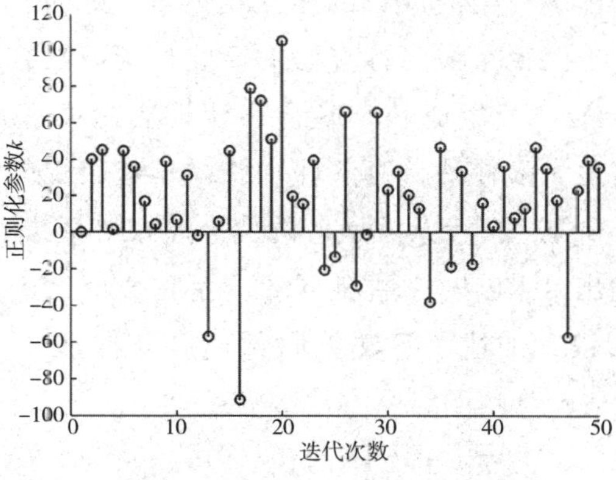

图 5.12　正则化参数取值分布

仿真实验二：两种所提方法的收敛性能分析。

图 5.13 进一步给出了两种所提级联相消方法的输出 SINR 损失与训练样本数据的关系。多径杂波估计算法中正则化参数取固定值 $\kappa = 70$。

可以发现，基于联合估计的级联方法可以获得更快的收敛速度，而选取固定的正则化参数（即基于多径杂波估计的级联方法）不再是最优的选择，这也证明了本章基于联合迭代的级联相消方法的有效性。

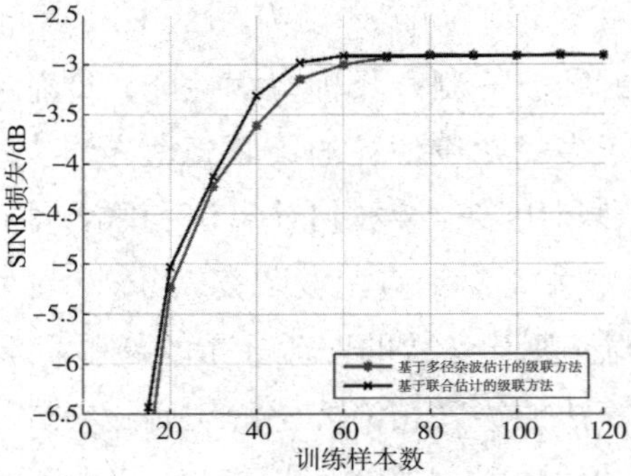

图 5.13　SINR 损失随训练样本数的变化曲线

仿真实验三：SR-STAP 算法和两种级联方法的 SINR 损失性能分析。

第三个仿真实验对比分析 SR-STAP 和两种级联方法的 SINR 损失性能随多普勒频率的变化，如图 5. 14 所示。两种级联方法均利用 40 个快拍样本数据来估计多径杂波成分的相消权矢量，此时，使用固定的正则化参数会导致基于多径杂波估计算法的级联相消方法在多径杂波成分区域（−160 ～ −80 Hz）产生比基于联合估计算法的级联方法深 0. 6 dB 左右的凹口。这是因为多径估计算法在训练样本数较少的情况下无法准确估计出多径杂波成分，多径杂波成分的剩余导致该算法在 −160 ～ −80 Hz 多普勒区域的输出 SINR 损失性能下降，而联合估计方法可在每次迭代中更新正则化参数，加快了算法的收敛速度并保证了 SINR 损失性能，证明了基于联合估计算法的级联方法的有效性。

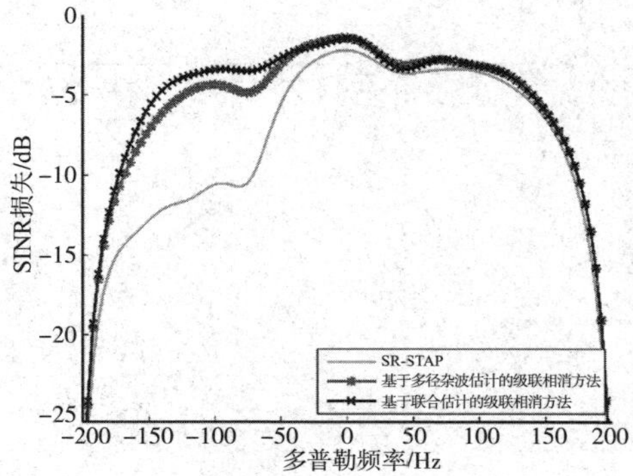

图 5.14　SINR 损失性能随多普勒频率的变化曲线

仿真实验四：不同多径强度下，SR-STAP 算法和两种所提方法的 SINR 损失性能对比。

图 5.15 给出了 SR-STAP 方法和两种所提级联相消方法的 SINR 损失性能随 MDR 取值的变化曲线。图中纵坐标表示的是位于目标多普勒频率处不同方法的输出 SINR 损失值，两种级联方法均利用 40 个快拍样本数据来估计多径杂波成分的相消权矢量。从图中可以看出，随着参考通道中多径信号强度的增大，SR-STAP 方法的输出 SINR 损失性能急剧恶化，导致目标的输出功率下降。此外，基于联合估计算法的级联方法的 SINR 损失性能基本不受 MDR 的影响，并且在较大 MDR 处优于基于多径杂波估计的级联方法。这是由于每次迭代过程中选取的最优正则化参数保证了联合估计算法估计多径杂波成分相消权矢量的收敛速度，从而提高了该级联相消方法对多径杂波成分的抑制性能。

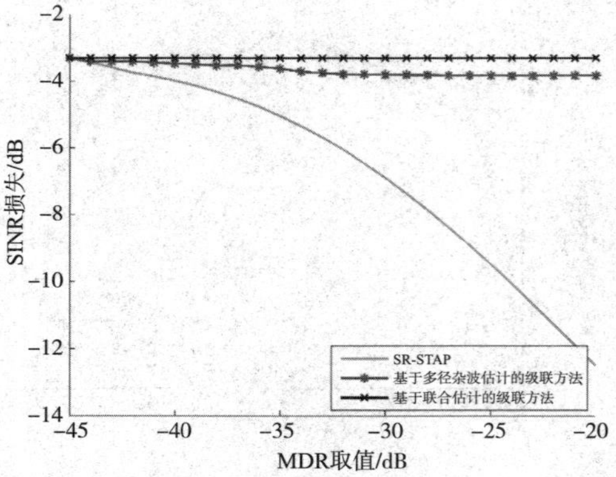

图 5.15　SINR 损失性能随 MDR 的变化曲线

5.4　本 章 小 结

本章针对不纯净参考信号条件下存在的 STAP 算法目标自相消问题，开展了多径杂波成分和直达波杂波成分级联相消算法的研究。首先建立了不纯净参考信号的空时快拍信号模型，然后构造了多径杂波快拍的稀疏观测模型和代价函数，并通过求解建立的优化问题获得了多径杂波快拍信号的估计，从而实现了在 STAP 方法之前对多径杂波成分的抑制，消除了不纯净直达波对 STAP 算法探测能力的影响。一系列的仿真实验表明，该方法可有效实现多径杂波成分和直达波杂波成分的级联对消，从而保证目标探测性能。

上述级联方法使用固定的正则化参数求取权值矢量，导致该方法无法保证每次迭代均能获得最优的权值，从而影响算法的收敛速度和估计性能。针对此问题，本章给出了基于正则化参数和权值矢量交替迭代的级联相消算法。该方法在每次迭代中更新选取最优的正则化参数，从而改善收敛性能，并更好地解决不纯净参考信号导致的 STAP 算法目标自相消问题。几个仿真实验验证了该算法的有效性。

第 6 章　总结与展望

6.1　工作总结

机载外辐射源雷达系统利用合适的已有照射源作为系统发射站，具有成本低、安全度高、配置灵活和无电磁污染等外辐射源雷达系统具有的一系列优势。同时，由于接收平台的升高，机载外辐射源雷达系统还具有“高瞻远瞩”的优势，在战场侦察和地球监测等方面发挥着重要作用。因此，基于机载外辐射雷达在军事和民用中的重要价值，开展对机载外辐射源雷达系统的研究是十分必要的。本书在机载雷达系统和运动平台下的杂波相消算法的基础上开展了对机载外辐射源雷达系统的相关研究，研究结果表明在机载平台下提出的改进空时处理方法同样适用于该机载外辐射源雷达系统，这是机载外辐射源雷达系统实现的杂波对消和目标探测的前提和关键。然而，机载外辐射源雷达在目标探测实现过程中也面临一些挑战，如直达波信号参数估计不准确、连续波信号具有高旁瓣特性以及不纯净参考信号等，这使已有的空时联合处理方法难以获得理想的杂波对消性能和目标探测性能。因此，本书对机载外辐射源雷达系统的目标检测方法开展了以下研究。

首先，给出了运动平台下的 DPCA 算法和 STAP 技术的杂波对消原理，建立了基于地面静止照射源的地－空机载外辐射源雷达系统和基于预警机等空中运动平台的空－空机载外辐射源雷达系统的信号模型。在此基础上，分析了两种系统的杂波特性，并得到了地－空机载外辐射源雷达系统的杂波分布特性与机载单基地雷达系统一致，空－空机载外辐射源雷达系统的杂波特性和机载双基地雷达系统一致的结论。同时，针对机载外辐射源雷达实际系统中的非均匀非平稳杂波等问题，机载雷达下提出的已有的改进 STAP 方法均可适用。在此基础上，为方便分析，本书对该机载外辐射源雷达系统关键问题的讨论均在基于地面照射源的地－空机载雷达系统中开展。

其次，分析了长时间积累下的机载外辐射源雷达信号模型，表明检测微弱目标的实现过程中会面临目标距离走动和杂波剩余问题。针对目标跨越多个距离单元的情况，本书利用 Keystone 算法解决距离徙动问题来提高相参积累增益。针对直达波参数引起通道相位偏差，从而导致 DPCA 算法杂波剩余问题，本书首先利用先验知识估计直达波信号相关参数，然后构造通道间的相位偏差补偿函数，实现 DPCA 杂波相消。在此基础上，考虑实际环境中的系统误差，构造直达波参数相关的代价函数，选择最优的相位偏差补偿函数来实现 DPCA 两通道相位校正。仿真实验表明，该方法在先验知识误差情况下可获得较优的 DPCA 杂波对消性能。

再次，本书分析了商业辐射源发射的连续波信号的模糊函数，该模糊函数的高旁瓣特性会导致强干扰的旁瓣影响检测距离单元的杂波分布，影响 STAP 算法的目标检测性能。本书首先提出了基于空时强干扰旁瓣抑制的级联相消算法，该方法在降维 STAP 算法抑制杂波信号之前，从空时二维角度出发构造强干扰旁瓣快拍信号的稀疏观测模型，并迭代求取相消权矢量实现旁瓣抑制。仿真实验表明，该方法可有效消除强干扰旁瓣对 STAP 算法目标探测性能的影响。进一步的，考虑到实际系统中通道幅相误差的存在，对稀疏观测模型进行了修正，并提出了一种基于相消权矢量和通道误差联合估计的级联相消方法。仿真实验证实了该方法在通道误差存在的条件下仍可提供较优的旁瓣对消性能和目标探测能力。

最后，本书构建了不纯净参考信号下的机载外辐射源雷达信号模型。分析表明，多径杂波成分的存在导致空时杂波谱展宽，落入多径杂波成分的目标信号将被 STAP 算法当作杂波滤除。针对该问题，本书提出了一种级联相消方法，该方法分析了多径杂波成分与直达波杂波成分之间的联系，构造了多径杂波快拍信号的观测模型。在此基础上，详细分析了该观测模型的稀疏性的并实现了在 STAP 技术之前对多径杂波成分的有效抑制。为进一步提高所提方法的收敛性能，考虑在每次迭代中选取最优的正则化参数来估计多径杂波成分相消权矢量。基于该思想，提出了一种基于正则化参数和相消权矢量联合估计的级联相消方法，并通过一系列仿真实验证实了其有效性。

6.2　工作展望

机载外辐射源雷达的研究仍处于起步阶段，本书在理论上推导了机载外辐射源雷达的杂波对消方法以及目标探测算法，同时在参考信号不纯净、信号高旁瓣特性以及长时间积累等背景下对关键问题进行了深入研究，这为后续机载外辐射源雷达系统的实现提供了强有力的理论依据。然而，机载外辐射源雷达系统的工程实践与应用仍需后续广泛的研究工作，未来的研究内容拟从以下几方面展开。

（1）空 - 空的机载外辐射源雷达杂波抑制问题。为方便理解，本书所研究的机载外辐射源雷达系统均是基于商业照射源的地 - 空机载外辐射源雷达系统，该系统的杂波分布特性与机载单基地雷达一致。然而实际中，基于预警机的空 - 空机载外辐射源雷达系统更能满足当代军事环境的不同需求，但该系统的杂波特性更加复杂多变，杂波的距离依赖特性加大了估计杂波协方差矩阵的难度，且实际环境中难以保证杂波的均匀特性。此外，外辐射源雷达工作模式在一定程度上增大了非均匀非平稳环境下传统杂波抑制算法的实现难度。为了提高空 - 空机载外辐射源雷达的探测能力，开展该系统下的有效杂波抑制算法的研究是下一步的首要研究任务。

（2）本书在假设微弱目标为匀速直线运动的条件下，开展了基于 DPCA 技术的目标检测算法研究。两通道 DPCA 算法虽便于实现，但其抑制性能易受系统误差的影响，因此，后续工作将增加系统误差和直达波参数误差下的 DPCA 杂波抑制算法研究，以及基于 STAP 算法的微弱目标检测算法研究。此外，为进一步提高实际雷达系统的目标检测性能，下一步将研究机载外辐射源雷达在目标做匀加速以及变加速运动条件下的微弱目标检测方法。

（3）实际机载外辐射源雷达系统的验证问题。本书从理论层面对机载外辐射源雷达系统的杂波对消算法与目标探测技术进行了研究。实际机载雷达系统中，双基配置方案、直达波信号的获取问题、脉冲遮蔽问题以及收发之间的同步问题等都是工程实现中急需解决的。因此，开展实际机载外辐射源雷达系统研究以及对本书所提方法进行实验验证是下一步的研究任务。

参考文献

[1] KLEMM R. Principles of space-time adaptive processing[M]. London, UK: Institute of Electical Engineering, 2006.

[2] RICHARDS M A. Fundamentals of radar signal processing[M]. New York, USA: McGraw-Hill, 2005.

[3] BRENNAN L E, MALLETT J D, REED I S. Theory of adaptive radar[J]. IEEE Transactions on Aerospace and Electronics Systems, 1973, 9(2): 237-251.

[4] 王永良，彭应宁．空时自适应信号处理[M]. 北京：清华大学出版社，2000.

[5] GUERCI J R. Space-time adaptive processing for radar[M]. Boston: Artech House, 2003.

[6] WARD J. Space-time adaptive processing for airborne radar [R]. MIT Lincoln Laboratory Technical Report 1015, 1994.

[7] MELVIN W L. A STAP overview[J]. IEEE Aerospace and Electronics Systems Magazine, 2004, 19(1): 19-35.

[8] HIMED B, ZHANG Y H, HAJJARI A. STAP with angle-Doppler compensation for bistatic airborne radars[C] // IEEE Radar Conference. CA, 2002: 311-317.

[9] 杨振起，张永顺，骆永军．双(多)基地雷达系统[M]. 北京：国防工业出版社，1998.

[10] MELVIN W L, CALLAHAN M J, WICKS M C. Bistatic STAP: application to airborne radar[C] // IEEE Radar Conference. CA, 2002:1-7.

[11] HERBERT G M, RICHARDSON P G. Benefits of space-time adaptive processing (STAP) in bistatic airborne radar[J]. IEE Proceedings on Radar Sonar and Navigation, 2003, 150(1):13-17.

[12] 王永良，魏进武，陈建文．双基地机载预警雷达空时二维杂波建模及杂波特性分析[J]. 电子学报，2001, 29(12A): 1940.

[13] HOWLAND P E, MAKSIMIMUK D, REITSMA G. FM radio based bistatic radar[J]. IEE Proceedings on Radar Sonar and Navigation, 2005, 152(3): 107-115.

[14] GRIFFITHS H D, LONG N R W. Television-based bistatic radar[J]. IEE Proceedings on Radar Sonar and Navigation, 1986, 133(7): 649-657.

[15] WANG H, WANG J, ZHONG L. Mismatched filter for analogue TV-based passive bistatic radar[J]. IET Radar Sonar and Navigation, 2011, 5(5): 573-581.

[16] TAN D K P, SUN H, LU Y, et al. Passive radar using Global System for Mobile communication signal: theory, implementation and measurements[J]. IEE Proceedings on Radar Sonar and Navigation, 2005, 152(3): 116-123.

[17] TAO R, WU H Z, SHAN T. Direct-path suppression by spatial filtering in digital television terrestrial broadcasting-based passive radar[J]. IET Radar Sonar and Navigation, 2010, 4(6): 791-805.

[18] ANTONIOU M, ZENG Z, LIU F F, et al. Experimental demonstration of passive BSAR imaging using navigation satellites and a fixed receiver[J]. IEEE Geoscience and Remote Sensing Letters, 2012, 9(3): 477-481.

[19] 王海涛，王俊．利用模拟电视视频和音频信号的无源雷达失配滤波技术[J]. 西安电子科技大学学报，2013, 40(5): 15-19.

[20] PALMER J E, HARMS H A, SEARLE S J, et al. DVB-T passive radar signal processing[J]. IEEE Transactions on Signal Processing, 2013, 61(8): 2116-2126.

[21] LI Y, MA H, CHENG L, et al. Method for bearing estimation of target for amplitude modulation radio-based passive radar application[J]. Electronic Letters, 2018, 54(6): 383-385.

[22] KULPA K, MALANOWSKI M, SAMCZYNSKI P, et al. The concept of airborne passive radar Microwaves[C] // Radar and Remote Sensing Symposium. Kiev, 2011: 267-270.

[23] SUTCUOGLU O, HASSOY B. Airborne passive radar application: Interactions with space[C] // IEEE International Conference on Recent Advances in Space Technologies (RAST), Istanbul, 2013:151-154.

[24] BROWN J, WOODBRIDGE K, STOVE A, et al. VHF airborne passive bistatic radar ground clutter investigation[C] // IET International Conference on Radar Systems (Radar 2012). Glasgow, 2013:1–5.

[25] BROWN J, WOODBRIDGE K, GRIFFITHS H, et al. Passive bistatic radar experiments from an airborne platform[J]. IEEE Aerospace and Electronic Systems Magazine, 2012, 27(11):50–55.

[26] 王小谟，吴曼青，王政 . 未来战争中的“沉默哨兵”——外辐射源目标探测与跟踪雷达 [J]. 现代军事 , 2000(10):10–12.

[27] CHERNIAKOV M. Bistatic radar: emerging technology[M]. New York: John Wiley and Sons, 2008.

[28] CHERNIAKOV M. Bistatic Radar: Principles and Practice[M]. New York: Wiley, 2007.

[29] HOWLAND P E. Target tracking using television–based bistatic radar[J]. IEE Proceedings–Radar, Sonar and Navigation, 1999, 146(3):166–174.

[30] GERSHANOFF H. Transmitterless radar in treating[J]. Journal of Electronic Defense, 1998, 11(2):112–118.

[31] BENDER B. Surveillance system uses broadcast signals[J]. Journal of Electronic Defense, 1998, 11: 312–321.

[32] LIND F D, SAHR J D, GIDNER D M. First passive radar observations of auroral E–region irregularities[J]. Geophysical Research Letters, 1999, 26(14): 2155–2158.

[33] SAHR J D. The Manastash Ridge radar: A passive bistatic radar for upper atmospheric radio science[J]. Radio Science, 1997, 32(6): 2345–2358.

[34] SUN H, TAN D K P, LU Y, et al. Applications of passive surveillance radar system using cell phone base station illuminators[J]. IEEE Aerospace and Electronic Systems Magazine, 2010, 25(3): 10–18.

[35] GUO H, WOODBRIDGE K, BAKER C J. Evaluation of Wi–Fi Beacon transmissions for wireless based passive radar[C] // IEEE Radar Conference. Rome, 2008: 45–47.

[36] ANTONIOU M, CHERNIAKOV M, HU C. Space-Surface Bistatic SAR Image Formation Algorithms[J]. IEEE Transactions on Geoscience and Remote Sensing, 2009, 47(6): 1827-1843.

[37] SAINI R, ZUO R, CHERNIAKOV M. Problem of signal synchronisation in space-surface bistatic synthetic aperture radar based on global navigation satellite emissions - experimental results[J]. IET Radar Sonar and Navigation, 2010, 4(1): 110-125.

[38] COLONE F, WOODBRIDGE K, GUO H, et al. Ambiguity Function Analysis of Wireless LAN Transmissions for Passive Radar[J]. IEEE Transactions on Aerospace and Electronic Systems, 2011, 47(1): 240-264.

[39] LI H W, WANG J, SU H T. Improved particle filter based on differential evolution[J]. Electronics Letters, 2011, 47(19): 1078-1079.

[40] 朱家兵，洪一，陶亮，等 . 基于自适应分数延迟估计的 FM 广播辐射源雷达直达波对消 [J]. 电子与信息学报 , 2007, 29(7): 1674-1677.

[41] 徐龙 , 郑恒 . 无源雷达的发展和一种新颖体制的设想 [J]. 雷达科学与技术 , 2002, 80(3): 1-5.

[42] 王俊，赵洪立，张守宏，等 . 非合作连续波雷达中存在强直达波和多径杂波的运动目标检测方法 [J]. 电子学报 , 2005, 33(3): 419-422.

[43] LYU X Y, WANG J, WANG J. Robust direction of arrival estimate method in FM-based passive bistatic radar with a four-element Adcock antenna array[J]. IET Radar Sonar and Navigation, 2015, 9(4): 392-400.

[44] YI J, WAN X, LEUNG H, et al. Noncooperative registration for multistatic passive radars[J]. IEEE Transactions on Aerospace Electronic Systems, 2016, 52(1-2): 53-65.

[45] YOU J, WAN X, YAN F, et al. Experimental study of polarisation technique on multi-FM-based passive radar[J]. IET Radar Sonar and Navigation, 2015, 9(7): 763-771.

[46] TAO R, WU H Z, SHAN T. Direct-path suppression by spatial filtering in digital television terrestrial broadcasting-based passive radar[J]. IET Radar Sonar and Navigation, 2010, 4(6): 791-805.

[47] SHAN T, LIU S, ZHANG Y D, et al. Efficient architecture and hardware implementation of coherent integration processor for DVB-based passive bistatic radar[J]. IET Radar Sonar and Navigation, 2016, 10(11): 97–106.

[48] 杨广平 . 外辐射源雷达关键技术研究 [J]. 现代雷达 , 2008, 30(8): 5–9.

[49] 高志文，陶然 . 外辐射源雷达的相干积累增益计算及性能分析 [J]. 电子学报 , 2008, 36(6): 1227–1230.

[50] WANG Q, HOU C, LU Y. An Experimental Study of WiMAX-Based Passive Radar[J]. IEEE Transactions on Microwave Theory and Techniques, 2010, 58(12): 3502–3510.

[51] LI H W, WANG J. Particle filter for manoeuvring target tracking via passive radar measurements with glint noise[J]. IET Radar Sonar and Navigation, 2012, 6(3): 180–189.

[52] 万显荣，张德磊，柯亨玉，等 . 全球性数字广播高频外辐射源雷达参考信号重构 [J]. 系统工程与电子技术 , 2012, 34(11): 2231–2236.

[53] BROWN J, WOODBRIDGE K, STOVE A, et al. Air target detection using airborne passive bistatic radar[J]. Electronics Letters, 2010, 46(20): 1396–1397.

[54] DAWIDOWICZ B, KULPA K S, MALANOWSKI M, et al. DPCA Detection of Moving Targets in Airborne Passive Radar[J]. IEEE Transactions on Aerospace and Electronic Systems, 2012, 48(2): 1347–1357.

[55] DAWIDOWICZ B, SAMCZYNSKI P, MALANOWSKI M, et al. Detection of moving targets with multichannel airborne passive radar[J]. IEEE Aerospace and Electronic Systems Magazine, 2012, 27(11): 42–49.

[56] WOJACZEK P, COLONE F, CRISTALLINI D, et al. Reciprocal-Filter-Based STAP for Passive Radar on Moving Platforms [J]. IEEE Transactions on Aerospace and Electronic Systems, 2019, 55 (2): 967–988.

[57] TAN, D. K P. Signal processing for airborne passive radar: interference supression and space time adaptive processing techniques for transmissions of opportunity[J]. Journal of Clinical Investigation, 2012, 54(3): 576–582.

[58] TAN D K P, LESTURGIE M, SUN H, et al. Space-time interference analysis and suppression for airborne passive radar using transmissions of opportunity[J]. IET Radar Sonar and Navigation, 2014, 8 (2): 142–152.

[59] 杨鹏程，吕晓德，刘宇，等. 基于 RDNLMS 的机载外辐射源雷达杂波对消 [J]. 电子与信息学报, 2016, 38(10): 2488–2494.

[60] 杨鹏程，吕晓德，柴致海, 等. 基于频域分块 RDS–LMS 算法的机载外辐射源雷达杂波对消 [J]. 电子与信息学报, 2017, 39(10): 2302–2310.

[61] 梁龙，万显荣， 程丰, 等. 机载外辐射源雷达杂波模型及特性分析 [J]. 电波科学学报, 2014, 29(4): 595–600.

[62] SUI J, WANG J, ZUO L, et al. Cascaded least square algorithm for strong clutter removal in airborne passive radar[J]. IEEE Transactions on Aerospace and Electronic Systems, 2021, 31 (3): 705.

[63] BLUM R S, MELVIN W L, WICKS M C. An analysis of adaptive DPCA[C] // Proceedings of the 1996 IEEE National Radar Conference. MI, 1996: 303–308.

[64] CHEN J W, WANG Y L, HUANG F, et al. Research on multiple phase center–multiple delay taps DPCA for airborne radar[C] // International Conference on Computational Electromagnetics and Its Applications. Beijing, 1999: 533–536.

[65] LIGHTSTONE L, FAUBERT D, REMPEL G. Multiple phase centre DPCA for airborne radar[C] // Proceedings of the 1991 IEEE National Radar Conference, CA, 1991:36–40.

[66] SURESH B N, TORRES J A, Melvin W L. Processing and evaluation of multichannel airborne radar measurements (MCARM) measured data[C] // In Proc. IEEE International Symposium on Phased Array Systems and Technology. Boston, 1996: 395–399.

[67] KLEMM R. Adaptive airborne MTI: an auxiliary channel approach[J]. IEE Proceedings F: Communications, Radar and Signal Processing. 1987, 134(3): 269–276.

[68] ZHANG Y, WANG H. Further results of Σ Δ –STAP approach to airborne surveillance radars[C] // In Proc. 1997 IEEE International Radar Conference. Syracuse, 1997: 337–342.

[69] BROWN R D, SCHNEIBLE R A, WICKS M C. STAP for clutter suppression with sum and difference beams[J]. IEEE Transactions on Aerospace and Electronics Systems. 2000, 36(2): 634–646.

[70] MELVIN W L. Space-time adaptive radar performance in heterogeneous clutter[J]. IEEE Transactions on Aerospace and Electronic Systems, 2000, 36(2):621-633.

[71] XU G, KAILATH T. Fast subspace decomposition[J]. IEEE Transactions on Signal Processing, 1994, 42(3): 539-551.

[72] FRIEDLANDER B. A subspace method for space time adaptive processing[J]. IEEE Transctions on Signal Processing, 2005, 53(1): 74-82.

[73] SHEN M, ZHU D, ZHU Z. Reduced-rank space-time adaptive processing using a modified projection approximation subspace tracking deflation approach[J]. IET Radar Sonar and Navigation, 2009, 3(1): 93-100.

[74] GOLDSTEIN J S, REED I S. Theory of partially adaptive radar[J]. IEEE Transactions on Aerospace and Electronics Systems, 1997, 33(4): 1309-1325.

[75] GOLDSTEIN J S, REED I S, SCHARF L L. A multistage representation of the Wiener filter based on orthogonal projections[J]. IEEE Transactions on Information Theory, 1998, 44(7): 2943-2959.

[76] HONIG M L, GOLDSTEIN J S. Adaptive reduced-rank interference suppression based on the multistage wiener filter[J]. IEEE Transactions on Communications, 2002, 50(6): 986-994.

[77] DE LAMARE R C, SAMPAIO-NETO R. Adaptive reduced-rank processing based on joint and iterative interpolation, decimation, and filtering[J]. IEEE Transactions on Signal Processing, 2009, 57(7): 2503-2514.

[78] ROMAN J R, RANGASWAMY M, DAVIS D W. Parametric adaptive matched filter for airborne radar applications[J]. IEEE Transactions on Aerospace and Electronics Systems, 2000, 36(2): 677-692.

[79] WANG P, LI H, HIMED B. A Bayesian parametric test for multichannel adaptive signal detection in nonhomogeneous environments[J]. IEEE Signal Processing Letters, 2010, 17(4): 351-354.

[80] DING Q, KAY S K. Inconsistency of the MDL: on the performance of model order selection criteria with increasing signal-to-noise ratio[J]. IEEE Transactions on Signal Processing, 2011, 59(5): 1959-1969.

[81] WANG X, YANG Z, HUANG J, et al. Robust two-stage reduced-dimension sparsity-aware STAP for airborne radar with coprime arrays [J]. IEEE Transactions on Signal Processing, 2020, 68: 81–96.

[82] HE P, HE S, YANG Z, et al. An off-grid STAP algorithm based on local mesh splitting with bistatic radar system [J]. IEEE Signal Processing Letters, 2020, 27: 1355–1359.

[83] AUBRY A, CAROTENUTO V, DE MAIO A, et al. Multi-snapshot spectrum sensing for cognitive radar via block-sparsity exploitation [J]. IEEE Transactions on Signal Processing, 2019, 67: 1396–1406.

[84] RABIDEAU D J, Steinhardt A O. Improved adaptive clutter cancellation through data adaptive training[J]. IEEE Transactions on Aerospace and Electronics Systems, 1999, 35(3): 879–891.

[85] WANG Y, CHEN J, BAO Z. Robust space-time adaptive processing for airborne radar in nonhomogeneous clutter environments[J]. IEEE Transactions on Aerospace and Electronics Systems, 2003, 39(1): 71–81.

[86] ADVE R S, HALE T B, WICKS M C. Transform domain localized processing using measured steering vectors and non-homogeneity detection[C] // In Proc. IEEE National Radar Conference. MA, 1999: 285–290.

[87] CHOI W S, SARKAR T K. Phase-only adaptive processing based on a direct data domain least squares approach using the conjugate gradient method[J]. IEEE Transactions on Antennas Propagation, 2004, 52 (12): 3265–3272.

[88] BURINTRAMART S, SARKAR T K, ZHANG Y, et al. Performance comparison between statistical-based and direct data domain STAPs[J]. Digital Signal Processing, 2007, 17: 737–755.

[89] CRISTALLINI D, BURGER W. A robust direct data domain approach for STAP[J]. IEEE Transactions on Signal Processing, 2012, 60(3): 1283–1294.

[90] WICKS M C, RANGASWAMY M, ADVE R, et al. Space-time adaptive processing: a knowledge-based perspective for airborne radar[J]. IEEE Signal Processing Magazine, 2006, 23(1): 51–65.

[91] BERGIN J S, TEIXEIRA C M, TECHAU P M, et al. Improved clutter mitigation performance using knowledge-aided space-time adaptive processing[J]. IEEE Transactions on Aerospace and Electronics Systems, 2006, 42(3): 997-1009.

[92] GUERCI J R, BARANOSKI E J. Knowledge-aided adaptive radar at DARPA: an overview[J]. IEEE Signal Processing Magazine, 2006, 23(1): 41-50.

[93] ZHU X, LI J, STOICA P. Knowledge-aided space-time adaptive processing[J]. IEEE Transactions on Aerospace and Electronics Systems, 2011, 47(2): 1325-1336.

[94] WANG P, LI H, HIMED B. Knowledge-aided parametric tests for multichannel adaptive signal detection[J]. IEEE Transactions on Signal Processing, 2011, 59(12): 5970-5982.

[95] VARADARAJAN V, KROLIK J L. Joint space-time interpolation for distorted linear and bistatic array geometries[J]. IEEE Transactions on Signal Processing, 2006, 56(3): 848-860.

[96] MELVIN W L, DAVIS M E. Adaptive cancellation method for geometry-induced nonstationary bistatic clutter environments[J]. IEEE Transactions on Aerospace and Electronics Systems, 2007, 43(2): 651-672.

[97] ZATMAN M. Circular array STAP[J]. IEEE Transactions on Aerospace and Electronics Systems, 2000, 36(2): 510-517.

[98] HALE T, TEMPLE M, WICKS M. Clutter suppression using elevation interferometry fused with space-time adaptive processing[J]. Electronics Letters, 2001, 37(12): 793-794.

[99] XIANG C, FENG D, LYU H, et al. Three-dimensional reduced-dimension transformation for MIMO radar space-time adaptive processing[J]. Signal Processing, 2011, 91 (8): 2121-2126.

[100] 宁蔚，廖桂生 . 双基机载雷达对地杂波的背面效应及其在 GMTI 中的应用 [J]. 电子学报 , 2005, 33(12):2242-2245.

[101] 张柏华，张永顺，李兴成，等 . 机载双基地雷达杂波特性研究 [J]. 现代防御技术 , 2010, 38(3):132-138.

[102] 张柏华，谢文冲，王永良，等．基于最大似然估计的机载双基地雷达距离模糊杂波抑制方法 [J]. 电子学报，2011, 39(12):2836–2841.

[103] 姜晖，廖桂生．双基机载雷达的杂波谱补偿方法 [J]. 西安电子科技大学学报，2010, 37(1):68–72.

[104] 张柏华，谢文冲，王永良，等．机载双基地雷达 STAP 分析 [J]. 数据采集与处理，2011, 26(5):592–600.

[105] WANG P, WANG Z, LI H, et al. Knowledge-aided parametric adaptive matched filter with automatic combining for covariance estimation[J]. IEEE Transactions on Signal Processing, 2014, 62(18):4713–4722.

[106] KIM K, SARKAR T K, PALMA M S. Adaptive processing using a single snapshot for a nonuniformly spaced array in the presence of mutual coupling and near-field scatterers[J]. IEEE Transactions on Antennas Propagation, 2002, 50(5):582–590.

[107] ZHU S, LIAO G, QU Y, et al. Performance improvement for monostatic clutter mitigation using space-time-range three-dimensional adaptive processing [J]. Signal Processing, 2011, 21 (2):248–261.

[108] ABRAMOVICH Y I, RANGASWAMY M, JOHNSON B A, et al. Performance analysis of two-dimensional parametric STAP for airborne radar using KASSPER data [J]. IEEE Transactions on Aerospace and Electronics Systems, 2011, 47(1):118–139.

[109] RIES P, LAPIERRE F D, LESTURGIE M, et al. Handling partially calibrated conformal antenna arrays in range-dependence compensation for airborne bistatic space-time adaptive processing radar[J]. IET Radar Sonar and Navigation, 2009, 3(4): 373–383.

[110] GUILLAUME G, PHILIPPE F, FREDERIC P, et al. Performance of Two Low-Rank STAP Filters in a Heterogeneous Noise[J]. IEEE Transactions on Signal Processing, 2013, 61(1):57–61.

[111] DEGURSE J, MARCOS S, SAVY L. Reduced-Rank STAP for Target Detection in Heterogeneous Environments[J]. IEEE Transactions on Aerospace and Electronics Systems, 2014, 50(2):1153–1162.

[112] MELVIN W L, SHOWMAN G A. An Approach to Knowledge-Aided Covariance Estimation[J]. IEEE Transactions on Aerospace and Electronics Systems, 2006, 42(3):1021-1042.

[113] WU Y, WANG T, WU J, et al. Robust training samples selection algorithm based on spectral similarity for space-time adaptive processing in heterogeneous interference environments[J]. IET Radar Sonar and Navigation, 2015, 9(7):778-782.

[114] WU D, ZHU D, SHEN M, et al. Time-varying space-time autoregressive filtering algorithm for space-time adaptive processing[J]. IET Radar Sonar and Navigation, 2012, 6(4):213-221.

[115] YANG Z, LI X, WANG H, et al. Sparsity-based space-time adaptive processing using complex-valued homotopy technique for airborne radar[J]. IET Signal Processing, 2014, 8(5):552-564.

[116] YANG X, LIU Y, SUN Y, et al. Improved PRI-staggered space-time adaptive processing algorithm based on projection approximation subspace tracking subspace technique[J]. IET Radar Sonar and Navigation, 2014, 8(5):449- 456.

[117] WU Y, WANG T, WU J, et al. Training sample selection for space-time adaptive processing in heterogeneous environments[J]. IEEE Geoscience Remote Sensing Letters, 2015, 12(4):691-695.

[118] 吴仁彪，贾琼琼，李海．机载雷达高速空中微弱动目标检测新方法 [J]. 电子与信息学报 , 2011, 33(6):1459-1464.

[119] 吴仁彪，贾琼琼，李海，等．机载雷达高速空中机动目标检测新方法 [J]. 电子学报 , 2013, 41(1):86-90.

[120] 贾琼琼，李海，吴仁彪．基于 STAP 的高速空中微弱多目标检测 [J]. 信号处理 , 2011, 27(10):1531-1535.

[121] 张南，陶然，单涛，等．外辐射源雷达长时间积累目标探测性能分析 [J]. 电子学报 , 2008, 36(6):1103-1107.

[122] Almeida L B. The fractional Fourier transform and time-frequency representations[J]. IEEE Transactions on Signal Processing, 1994, 42(11):3084-3091.

[123] OZAKTAS H M, ARIKAN O, KUTAY M A, et al. Digital computation of the fractional Fourier transform[J]. IEEE Trans Signal Process, 1996, 44(9):2141–2150.

[124] CHEN X, JIAN G, LIU N, et al. Maneuvering Target Detection via Radon–Fractional Fourier Transform–Based Long–Time Coherent Integration[J]. IEEE Transactions on Signal Processing, 2014, 62(4):939–953.

[125] LIU Y, XING M, GUO R, et al. Sandglass transformation for synthetic aperture radar detection and imaging of ship at low signal–to–clutter–plus–noise ratio[J]. IET Radar Sonar and Navigation, 2011, 5(3):361–373.

[126] 战立晓，汤子跃，朱振波，等 . 基于分数阶傅立叶变换的加速微弱目标检测与估计 [J]. 电波科学学报 , 2013, 28(2):94–102.

[127] 吴兆平，何学辉，苏涛 . 带有距离走动和多普勒扩散的高速运动目标检测 [J]. 哈尔滨工程大学学报 , 2010, 31(4):476–480.

[128] 王姣，李明，陈洪猛 . 基于 Keystone 变换的多目标距离走动校正 [J]. 雷达科学与技术 , 2012, 10(6):663–667.

[129] LYU X, XING M, ZHANG S, et al. Keystone transformation of the Wigner–Ville distribution for analysis of multicomponent LFM signals[J]. Signal Processing, 2009, 89(5):791–806.

[130] HUANG P, LIAO G, YANG Z, et al. Long–Time Coherent Integration for Weak Maneuvering Target Detection and High–Order Motion Parameter Estimation Based on Keystone Transform[J]. IEEE Transactions on Signal Processing, 2016, 64(15):4013–4026.

[131] XIN Z, LIAO G, YANG Z, et al. A fast ground moving target focusing method based on first–order discrete polynomial–phase transform[J]. Digital Signal Processing, 2017, 60:287–295.

[132] ZHANG S S, ZENG T, LONG T, et al. Dim target detection based on keystone transform[C] // IEEE International Radar Conference Record. VA, 2005:889–894.

[133] 朱家兵，陶亮，洪一 . 基于 FM 广播照射源的被动雷达直达波干扰抑制 [J]. 系统仿真学报，2007，19(4)：868–874.

[134] 徐定杰，吕东泽 . 基于分块子空间投影的无源雷达干扰抑制方法 [J]. 华中科技大学学报 , 2011, 39(11):19-23.

[135] COLONE F, O' HAGAN D W, LOMBARDO P, et al. A Multistage Processing Algorithm for Disturbance Removal and Target Detection in Passive Bistatic Radar[J]. IEEE Transactions on Aerospace and Electronic Systems, 2009, 45(2):698-722.

[136] COLONE F, CARDINALI R, LOMBARDO P. Cancellation of clutter and multipath in passive radar using a sequential approach[C]. IEEE Radar Conference. NY, 2006: 393-399.

[137] YANG Z, LI X, WANG H, et al. On Clutter Sparsity Analysis in Space-Time Adaptive Processing Airborne Radar[J]. IEEE Geoscience and Remote Sensing Letters, 2013, 10(5):1214-1218.

[138] WANG Z, WANG Y, DUAN K, et al. Subspace-Augmented Clutter Suppression Technique for STAP Radar[J]. IEEE Geoscience and Remote Sensing Letters, 2016, 13 (3):1-5.

[139] HE S, YANG Z, LIAO G. Adaptive reduced-rank beamforming method based on knowledge-aided joint iterative optimization[J]. IEEE Geoscience and Remote Sensing Letters, 2016, 13(10): 1582-1586.

[140] ZETAO W, YONGLIANG W, KEQING D, et al. Subspace-augmented clutter suppression technique for STAP radar[J]. IEEE Geoscience and Remote Sensing Letters, 2016, 13(3):462-466.

[141] RICHARDSON P G. STAP covariance matrix structure and its impact on clutter plus jamming suppression solutions[J]. Electronic Letters, 2001, 37(2) : 118-119.

[142] YANG Z, LI X, WANG H, et al. On Clutter Sparsity Analysis in Space-Time Adaptive Processing Airborne Radar[J]. IEEE Geoscience and Remote Sensing Letters, 2013, 10(5):1214-1218.

[143] JIN J, GU Y, MEI S. A Stochastic Gradient Approach on Compressive Sensing Signal Reconstruction Based on Adaptive Filtering Framework[J]. IEEE Journal of Selected Topics in Signal Processing, 2010, 4(2):409-420.

[144] SEN S. OFDM Radar Space–Time Adaptive Processing by Exploiting Spatio–Temporal Sparsity[J]. IEEE Transactions on Signal Processing, 2013, 61(1):118–130.

[145] MALLAT S, ZHANG Z. Matching pursuits with time–frequency dictionaries [J]. IEEE Transactions on Signal Processing, 1993, 41 (12): 3397–3415.

[146] DAVIS G, MALLAT S, ACELLANEDA M. Adaptive greedy approximation [J]. Journal of Constructive Approximation, 1997, 13 (1): 57–98.

[147] TROPP J A, GILBERT A C. Signal recovery from random measurements via orthogonal matching pursuit [J]. IEEE Transactions on Information Theory, 2007, 53 (12): 4655–4666.

[148] DAI W, MILENKOVIC O. Subspace pursuit for compressive sensing signal reconstruction[J]. IEEE Transactions on Information Theory, 2009, 55 (5): 2230–2249.

[149] HUANG C, CHEANG G, BARRON A R. Risk of penalized least–squares, greedy selection, and l_1–penalization for flexible function libraries [J]. Annals of Statistics, 2008.

[150] ANGELOSANTE D, BAZERQUE J, GIANNAKIS G. Online adaptive estimation of sparse signals: where RLS meets the l_1 norm[J]. IEEE Transactions on Signal Processing, 2010, 58(7):3436–3447.

[151] DUTTWEILER D L. Improving convergence of the PNLMS algorithm for sparse impulse response identification [J]. IEEE Signal Processing Letters, 2005, 12 (3): 181–184.

[152] DONOHO D L, HUO X. Uncertainty principles and ideal atomic decomposition [J]. IEEE Transactions on Information Theory, 2001, 47 (7): 2845–2862.

[153] DONOHO D L, ELAD M. Optimally sparse representation in general (nonorthogonal) dictionaries via l ～ 1 minimization [J]. Proceedings of National Academy of Sciences, 2003,100（5）: 2197–2202.

[154] KIM S J, KOH K, LUSTIG M, et al. An interior–point method for large–scale L1–regularized LS[J]. IEEE Journal of Selected Topics in Signal Process, 2007, 4(1): 586–597.

[155] FIGUEIREDO M, NOWAK R, WRIGHT S. Gradient projection for sparse reconstruction: application to compressed sensing and other inverse problems [J]. IEEE Journal of Selected Topics in Signal Process, 2007, 4(1): 606–617.

[156] TROPP J A. Greedy is good: algorithmic results for sparse approximation [J]. IEEE Transactions on Information Theory, 2004, 50 (10): 2231–2242.

[157] 石光明，刘丹华，高大化，等 . 压缩感知理论及其研究进展 [J]. 电子学报，2009，37(5): 1070–1081.

[158] EKSIOGLU E M, TANC A K. RLS algorithm with convex regularization [J]. IEEE Signal Processing Letters, 2011, 18(8):470–473.

[159] TROPP J A, GILBERT A C. Signal recovery from random measurements via orthogonal matching pursuit[J]. IEEE Transactions on Information Theor, 2007, 53(12): 4655–4666.

[160] JIN J, GU Y, MEI S. A Stochastic Gradient Approach on Compressive Sensing Signal Reconstruction Based on Adaptive Filtering Framework[J]. IEEE Journal of Selected Topics in Signal Processing, 2010, 4(2):409–420.

[161] YANG Z, DE LAMARE R C, LIU W. Sparsity–Based STAP Using Alternating Direction Method with Gain/Phase Errors[J]. IEEE Transactions on Aerospace and Electronic Systems, 2017,53(6): 2756–2768.

[162] MA Z, LIU Y, MENG H, et al. Sparse recovery–based space–time adaptive processing with array error self–calibration[J]. Electronics Letters, 2014, 50(13): 952–954.

[163] YANG P, LYU X, CHAI Z, et al. Clutter Cancellation Along the Clutter Ridge for Airborne Passive Radar[J]. IEEE Geoscience and Remote Sensing Letters, 2017, 14(6):951–955.

[164] GROMEK D, KULPA K, SAMCZYNSKI P. Experimental results of passive SAR imaging using DVB–T illuminators of opportunity[J]. IEEE Geoscience and Remote Sensing Letters, 2016, 13(8):1124–1128.

[165] GROMEK D, RADECKI K, DROZDOWICA J, et al. Passive SAR imaging using DVB–T illumination for airborne applications[J]. IET Radar Sonar and Navigation, 2019,13(2):213–221.

[166] LI G, XU J, PENG Y, et al. Bistatic linear antenna array SAR for moving target detection, location, and imaging with two passive airborne radars[J]. IEEE Transactions on Geoscience and Remote Sensing, 2017, 45(3):554–565.

[167] WANG J, LYV X, WANG J, et al. Robust direction of arrival estimate method in FM–based passive bistatic radar with a four–element Adcock antenna array[J]. IET Radar Sonar and Navigation, 2015, 9(4):392–400.

[168] BROWN J. FM Airborne Passive Radar [D]. London: University College London, 2013.

[169] YANG Z, DE LAMARE R C, LI X. L_1–Regularized STAP algorithms with a generalized sidelobe canceler architecture for airborne radar[J]. IEEE Transactions on signal processing, 2012, 60(2): 674–686.

[170] JEON H, CHUNG W, CHUNG J, et al. Clutter covariance matrix estimation using weight vectors in knowledge–aided STAP[J]. Electronics Letters, 2017, 53(8): 560–562.

[171] HAN S, FAN C, HUANG X. A Novel STAP Based on Spectrum–Aided Reduced–Dimension Clutter Sparse Recovery[J]. IEEE Geoscience and Remote Sensing Letters, 2017, 14(2):213–217.

[172] SEN S. Low–Rank Matrix Decomposition and Spatio–Temporal Sparse Recovery for STAP Radar[J]. IEEE Journal of Selected Topics in Signal Processing, 2015, 9(8):1510–1523.

[173] GAO Z, TAO H. Robust STAP algorithm based on knowledge–aided SR for airborne radar[J]. IET Radar Sonar and Navigation, 2017, 11(2):321–329.

[174] WANG Z, WANG Y, GAO F, et al. Clutter nulling space–time adaptive processing algorithm based on sparse representation for airborne radar[J]. IET Radar Sonar and Navigation, 2017, 11(1):177–184.

[175] XU J, LIAO G, ZHU S. Robust LCMV beamforming based on phase response constraint[J]. Electronics Letters, 2012, 48(20): 1304–1306.

[176] WANG L, DE LAMARE R. Constrained adaptive filtering algorithms based on conjugate gradient techniques for beamforming [J]. IET Signal Processing, 2010, 4 (6): 686–697.

[177] GAO Z, TAO H, ZHU S, et al. L_1–regularised joint iterative optimisation space–time adaptive processing algorithm[J]. IET Radar Sonar and Navigation, 2016, 10(3):435–441.

[178] SHEN M, ZHU D, ZHU Z. Reduced–rank space–time adaptive processing using a modified projection approximation subspace tracking deflation approach[J]. IET Radar Sonar and Navigation, 2008, 3(1):93–100.

[179] RUI F, DE LAMARE R C, LEI W. Reduced–rank STAP schemes for airborne radar based on switched joint interpolation, decimation and filtering algorithm[J]. IEEE Transactions on Signal Processing, 2010, 58(8): 4182–4194.

附　录

本书的插图索引如下。

本书的表格索引如下。

本书各个符号对照如下。

符号	符号名称
j	虚数单位
$\sqrt{\cdot}$	开根号
$\otimes$	Kronecker 积
$\odot$	Hadamard 积
$(\cdot)^{\mathrm{T}}$	转置
$(\cdot)^{*}$	共轭
$(\cdot)^{\mathrm{H}}$	共轭转置
$\int \cdot$	积分
$\mathrm{E}\{\cdot\}$	均值
$\mathrm{Re}\{\cdot\}$	取实部操作
$\mathrm{diag}(\cdot)$	对角阵
$\mathrm{sign}(\cdot)$	符号函数
$\cos(\cdot)$	余弦函数
$\sin(\cdot)$	正弦函数
$\exp(\cdot)$	指数函数
$\lfloor a \rfloor$	取小于 a 的最大整数
$\partial(\cdot)$	偏微分
$\sum$	求和
$\mathrm{Rank}\{\boldsymbol{A}\}$	矩阵 $\boldsymbol{A}$ 的秩
$\boldsymbol{A}^{-1}$	矩阵 $\boldsymbol{A}$ 的逆
$\lvert \cdot \rvert$	绝对值
$\lVert \cdot \rVert_2$	L_2 范数
$\max(\cdot)$	取最大值

续 表

符号	符号名称
$\min(\cdot)$	取最小值
$\mathbf{0}_N$	N 维零矩阵
$\boldsymbol{I}_N$	N 维单位矩阵
$\mathbf{1}_{N\times1}$	元素全为 1 的 N 维列矢量
c	电磁波传播速度
f_c	发射信号的载频
f_s	采样频率
λ	信号波长
τ	信号时延
B	信号带宽
t_{m}	慢时间
t_{f}	快时间
t_{n}	虚拟慢时间
$\boldsymbol{R}_{\mathrm{x}}$	协方差矩阵
ϕ	到达角
π	圆周率
$\boldsymbol{w}$	权矢量
$\boldsymbol{T}_{\mathrm{RD}}$	降维矩阵

本书各个缩略语对照表如下。

缩略语	英文全称	中文对照
AAD	airborne active radar	机载有源雷达
ADC	angle-doppler compensation	角度 - 多普勒频移补偿法
ADPCA	adaptive displaced phase center antenna	自适应相位中心偏置天线
AEP	auxiliary eigenvector processor	辅助特征向量法
CG	conjugate gradient	共轭梯度
CM	cascaded method	级联方法
CNR	clutter-to-noise ratio	杂噪比
DDD	direct data domain	直接数据域方法
DFT	direct fourier transform	直接傅立叶变换
DPCA	displaced phase center antenna	相位中心偏置天线
DVB-T	digital video broadcast-terrestrial	数字电视
FM	frequncy modulation	调频广播
GNSS	global navigation satellite system	导航卫星
IFFT	inverse fast fourier transform	逆快速傅立叶变换
JDL	joint-domain localized	局域联合处理
JI	joint iterative	联合迭代
KA-STAP	knowledge-aided space-time adaptive processing	基于知识辅助的空时自适应处理
LMS	least mean squares	最小均方误差
LS	least square	最小二乘算法
OCD	online coordinate descent	在线序贯下降
PC	principle components	主分量法
RBC	registration-based compensation	基于功率谱配准

续 表

缩略语	英文全称	中文对照
RD-STAP	reduced-dimension space-time adaptive processing	降维空时自适应处理
RDS	range-doppler-space	距离多普勒空间
RLS	recursive least squares	递归最小二乘
RR-STAP	reduced-rank space-time adaptive processing	降秩空时自适应处理
SCNR	signal-to-clutter-plus-noise ratio	信杂噪比
SINR	signal-to-interference-plus-noise ratio	信干噪比
SM	simultaneous method	同步相消方法
SNR	signal-to-noise ratio	信噪比
SR-STAP	sparse recovery space-time adaptive processing	稀疏空时自适应处理
ST	subspace tracking	子空间跟踪
STAP	space-time adaptive processing	空时自适应处理